花千樹

飲食其實好化學

從食品科學解構食品添加成分、加工處理過程和煮食器具

張志強　著

{　目錄　}

第二章
食品安全：食物變質 / 腐爛、中毒與保存

第三章
食品加工處理與烹調秘技

{ 自序 }

我對食物[1]的興趣始於童年,尤其是在烹飪和飲食安全方面。回想起第一次做飯的經歷,可說是一場災難。我在鐵鍋裡不加油地煎一隻雞蛋,結果雞蛋都黏到鍋裡,沒能吃到成品之餘,還要費勁地清理鍋子,那時我不禁想:為什麼要用油來炒菜?為什麼不加油的話,雞蛋會牢牢地黏在鐵鍋上?當雞蛋在爐上加熱時,它的狀態如何從液態變為固態?

另一個慘痛經歷是因剩菜存放不當而引起了食物中毒。小時候冰箱尚未在普通家庭中普及,諸如此類的意外屢見不鮮。油炸和風乾食品的問題較少,但如燉肉、清蒸魚和含有大量水分的湯或醬汁等食品,即使重新加熱後食用,也會容易變質,導致嘔吐和腹瀉。當時的我十分渴求找出所有能解釋這些現象的答案。

當我上高中時,我在化學課[2]學會了物質的性質,以及它們之間的反應,也揭穿了一些長久以來的謎團。然而學校沒有「食品科學」[3]或「食品化學」[4]的學科,但我堅決鑽研這方面的知識,試圖解答那些經常在我腦海中盤旋的種種問題。當我上大學時,我決定主修化學;大學畢業後,我在澳洲攻讀食品化學碩士和博士

1　食物是一種主要由蛋白質、碳水化合物、脂肪和其他營養成分組成的物質,用於生物體內促進生長和維持生命的過程並提供能量。

2　化學是一門研究物質（定義為元素和化合物）的性質、組成和結構,以及它們所經歷的轉變的科學。

3　食品科學是一個涉及化學、生物化學、營養學、微生物學和工程學的多學科領域,旨在提供解決與食品系統諸多方面相關的實際問題的科學知識。

4　食品化學的本質是了解食品成分的化學性質,例如蛋白質、碳水化合物、脂肪和水,以及它們在加工和儲存過程中發生的反應。

學位；獲得博士學位後的第一份工作，就是在澳洲聯邦科學及工業研究組織（Commonwealth Scientific Industrial and Research Organization，簡稱 CSIRO）擔任食品科學家。三年後，我決定與家人一起返回香港。1993 年，我加入了香港中文大學生命科學學院的優秀團隊，並於 1994 年有幸開辦了一個全新學科——食品與營養科學。

我是在八十年代中期往澳洲留學的。從那時開始，如何準備一頓安全、美味、富營養的飯菜成為了我的消遣和愛好。外出就餐對一個留學生來說是奢侈的消費，故此大部分時間我都會在家做飯，正正給予了我把化學知識應用到日常烹飪的大好機會。

踏入 21 世紀，人們越來越注重環保和健康，「吃得安心、吃得健康」已成為現代社會的生活宗旨。我寫這本書，是希望為那些熱衷於了解食物製備和食用安全的人提供一些參考和指導，以及介紹一些和烹飪有關的科學知識。通過了解某些常見現象為何和如何發生，大家可以更有效地管理自己的飲食習慣，選擇正確的食物，並幫助其他人實現同樣的目標。學習一些基本的烹飪技巧和原理後，大家更可以融會貫通創造美味又獨特的菜餚，有效吸收食物營養。

本書由三部分組成，第一章會介紹日常食品中無處不在的添加劑，並探討一些常見食品添加劑的性質和功能、它們在食品中的應用和使用原因，以及對人類健康的潛在影響。第二章的重點是食品安全，我會剖析整個變質的過程，向大家講解食物為什麼在處理

和儲存條件不當的情況下會變質而導致食物中毒，當然也會介紹正確的包裝技術和保鮮方法如何確保食品安全和延長保質期。在第三章，我會從科學角度講解更多常見食品的製備及烹飪方法，並分享各式廚房器具的使用原理，繼而討論這些食物製備、烹飪方法和煮食器具如何影響餐桌上食物的味道和營養。

作為一名食品科學家，我將畢生熱情投入到食品研究工作之中。隨著時間流逝，一股強烈的社會責任感更油然而生，無論是過去、現在還是將來，我都希望能藉著我的專業向更多人教育和推廣食品知識，從而塑造一個健康的社會。

張志強

2023 年 3 月

第一章

Food Science · Food Science

無處不在的 食品添加劑

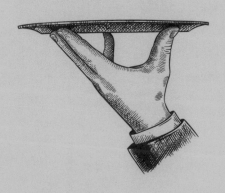

(1.1) 食品成分和食品添加劑的關係

　　人類的飲食中包含成千上萬種結構上不同的化學物質,其中大多數是自然產生的,另外還有故意添加的物質,例如營養素、著色劑和賦予味道的物質。更多的化學物質可能會在加工和食物製備的過程中成為食物的成分,從而引起化學變化,並引入通常在未加工農產品中不存在的化合物。

　　此外,生產商亦會添加化學藥品(直接添加劑)以獲得某些技術效果,例如保存期、顏色、稠度(例如乳化)、調味、甜味和其他物理效果。過程中,通常會混入小量的其他物質,它們主要是農業和包裝業的副產品(間接添加劑),包括農藥、食用動物管理中使用的藥物,以及從食品接觸表面和包裝中遷移出來的物質(food contact substances,簡稱FCS)。[1] 我們的飲食中還含有來自天然資源的其他有害污染物,例如微生物及其代謝產物,以及植物固有的物質。

　　簡而言之,食品基本上有三類成分:

(i)　有意直接或間接添加到食品中的物質;
(ii)　屬於食品中天然成分的物質;和
(iii)　可能會污染食物的物質。

1　全球使用的「食品接觸材料」(food contact materials,簡稱FCM),會透過測試來確保盛載或包裝食品的容器和物料不會將有害成分傳遞到食品。

1.2

 # 什麼是食品添加劑？

　　參考世界衛生組織（World Health Organization，簡稱世衛或 WHO）的資料，食品添加劑是「添加到食物中以保持或提高其安全性、新鮮度、味道、質地或外觀的物質」。直接添加劑指的是為特定目的添加到食品中的物質，例如低熱量甜味劑阿斯巴甜（aspartame）是一種直接添加劑，應用於含有高糖的食品中，如軟飲料（soft drink，指不含酒精的甜味飲料）、乳製品和其他甜點心等。間接添加劑亦佔食品很重要的一部分，它是在食品加工、包裝或儲存過程中形成。食品添加劑有不同的源頭，它們可以衍生自植物、動物或礦物質，也可以是化學合成的。

　　使用食品添加劑來保存食物的歷史已經有好幾百年，例如用於蔬果，使之變成果醬或蜜餞的糖；用於製作培根、火腿等肉類的食鹽；用於葡萄酒以避免變質的二氧化硫等。隨著時代進步，開發了許多新型食品添加劑，以滿足生產各式加工食品的不同需要。一般來說，添加劑的運用是用來確保加工食品在工廠或工業廚房完成後，經運輸送到倉庫和商店，並最終抵達消費者手上的整個過程中保持安全和良好狀況。現時被使用的食品添加劑超過幾千種，研發和使用之目的都是旨在保證食品安全，以及增加食品的吸引力。事實上食品添加劑已被廣泛運用於不同的食品中，以發揮個別的技術用途，但到底有多少消費者會留意包裝食品中加入了什麼添加劑？還是已將之視為理所當然？

食品添加劑的使用有非常嚴格的控制，其合理使用必須是有技術需要及能夠發揮明確的技術功能，例如保持食品的營養品質或提高食品的穩定性等，並且要在不會誤導消費者的情況下使用。

簡單來個小總結，食品添加劑指的是添加到食物中的物質，目的除了為保持或提升食品安全度和新鮮度外，亦兼有保持食品味道、質地或外觀於最佳狀態等的功能。

食品添加劑類別

世界衛生組織與聯合國糧食及農業組織 (Food and Agriculture Organization，簡稱糧農組織或 FAO) 根據食品添加劑的功能將其分為以下三大類。

調味劑

調味劑是食品中使用最多的添加劑，它被添加到食品中以改善香味或味道。其應用範疇廣泛而種類繁多，單從糖果和軟飲料，到穀物、蛋糕和乳製品中使用的調味劑就有數百種。根據世衛的資料，調味劑可以分為兩種，一種為天然的，另一種則是模仿天然口味而來。天然調味劑來源包括堅果、水果和香料混合物，以及蔬菜和葡萄酒等；至於模仿天然口味的調味劑，例如模仿水果和天然香料氣味的濃縮芳香油及香精則是由人工合成的。

酶製劑

酶製劑是食品添加劑的一種，不一定出現在食品中。酶是一種能促進生化反應的天然蛋白質，可從植物、動物產品或細菌等微生物中提取而獲得。它們具備多種適合應用於食品生產的功能，例如可用於改善麵團的效果、更好地發酵含酒精的飲料、提高製造果汁的產量，以及改善乳酪中凝乳的形成。

• 酶在烘焙中的應用

烘焙酶用作麵粉添加劑,並在麵團調理劑中代替其他化學成分。不同類型的酶各有特性,包括能將麵粉中的澱粉轉化為糖並產生糊精的澱粉酶 (amylases)、能強化和漂白麵團的氧化酶 (oxidases)、能提高麵筋 (gluten) 強度的半纖維素酶 (hemi-cellulases)、能降低麵筋彈性的蛋白酶 (proteases)。烘焙酶能維持麵包的品質,包括麵包的體積、柔軟度、麵包皮的鬆脆和著色,以及新鮮度。

• 酶在製造果汁中的應用

製造果汁要求不同的酶,例如果膠酶 (pectinase)、纖維素酶 (cellulase)、半纖維素酶、澱粉酶和蛋白酶。製造果汁的過程中加入酶,有助於實現四個主要目的:

(i) 降低黏度(便於過濾);

(ii) 澄清(改善外觀／清晰度);

(iii) 改善營養品質(增加多酚類物質);和

(iv) 增強感官特性(更明亮的顏色和複雜的香氣)。

其他添加劑

除了調味劑和酶製劑外，我們日常買到的食品還會用到其他的食品添加劑，最常見的如為保存食物品質及控制微生物以降低污染可能的防腐劑、代替食品在生產過程中丟失的顏色的著色劑、添加到食品中可減少卡路里及增加甜味的甜味劑等，它們會在製備、包裝、運輸或儲存食品時被添加進食品中。

消費者如何能知道
食品中有哪些添加劑？

　　食品法典委員會 (Codex Alimentarius Commission，簡稱 CAC 或 Codex) 是聯合國糧食及農業組織和世界衛生組織建立的國際食品標準制定機構，制定了有關食品標籤的標準和指南。由於許多食物添加劑的特定名都是冗長和複雜的，為方便消費者，食物添加劑有一套由食品法典委員會所編制的國際編碼系統，可供國際間採用，作為識別各種食物添加劑的有效工具。消費者能藉包裝食物上的標籤知道當中究竟含有哪些添加劑，以及每種添加劑的用途類別。為方便標籤，食品法典委員會按照食物添加劑的技術作用進行分類。根據 2021 年版本，食物添加劑用途可劃分為以下 27 種類別：

01. 碳酸化劑	10. 乳化鹽	19. 拋光劑
02. 酸度調節劑	11. 固化劑	20. 穩定劑
03. 抗結劑	12. 增味劑	21. 推進劑
04. 消泡劑	13. 發泡劑	22. 漂白劑
05. 抗氧化劑	14. 增稠劑	23. 螯合劑
06. 疏鬆劑 / 增體劑	15. 甜味劑	24. 水分保持劑
07. 色素 / 著色劑	16. 防腐劑	25. 麵粉處理劑
08. 護色劑	17. 膠凝劑	26. 包裝氣體
09. 乳化劑	18. 膨鬆劑	27. 載體

　　此食物添加劑類別有一些例外情況,它們不會收錄到系統中:
如調味劑 (flavor)、香口膠的基礎劑,以及特別膳食及營養添加
劑。國際編碼系統在食物添加劑名稱一欄,一般以 3 位數或 4 位數
代表,有需要時再以數字添標細分,例如 (i)、(ii) 等。舉例說,薑
黃的國際編碼為 [100],可再細分為 [100(i)] 薑黃素及 [100(ii)] 薑
黃。食物添加劑名稱和數字添標可以參考以下食物添加劑一覽表網
站:

https://www.cfs.gov.hk/tc_chi/whatsnew/
whatsnew_fstr/whatsnew_fstr_food_
additives_list.html

　　除了食品法典委員會所編制的國際編碼系統,歐洲聯
盟 (European Union,簡稱 EU) 的分支機構歐洲食品安全局
(European Food Safety Authority,簡稱 EFSA) 亦設有一套相
似的法規,通過「E 編號」(E number) 去監管食品添加劑標籤。
例如,二氧化硫作為防腐劑,其食品添加劑編碼可以為 [220] 或
[E220]。

食品添加劑的
健康風險評估和國際標準

因為使用食品添加劑對人類健康有潛在的危害，因此在使用前需要針對其健康危害和安全方面作詳細評估。世衛鼓勵不同國家和地區當局有必要監測並確保其國家和地區生產的食品和飲料中的食品添加劑符合允許的使用標準、條件和法規。國家和地區當局亦應監督食品行業履行責任確保安全使用食品添加劑並遵守法規。

不同國家和地區在使用食品添加劑之前，都需要評估其對人體健康的風險。評價食品添加劑危害人類健康的責任，主要是由世衛與糧農組織合作，通過一個獨立的國際專家科學小組，即糧農組織／世衛食品添加劑聯合專家委員會（Joint FAO/WHO Expert Committee on Food Additives，簡稱 JECFA）進行對食品添加劑的風險評估。只有那些通過 JECFA 安全性評估，並且證明不會對消費者帶來明顯健康風險的食品添加劑，才能合法地使用於食品中。這評估方法適用於天然來源或是合成的食品添加劑。根據 JECFA、不同國家或地區的評估，各國或地區可制定各種食品添加劑在特定食品中的使用限量。

根據世衛的說明，JECFA 對特定添加劑的評估是基於有關的現有生物化學、毒理學和其他科學資料為依據，並參考動物測試結果的科學研究及對人類健康影響的觀察。JECFA 要求進行的毒理學試驗包括緊急、短期（acute）和長期（chronic）研究，以確定食

品添加劑被吸收、分配和排泄的方式，以及添加劑或其副產品暴露
於某個水平下可能會產生的有害影響。

每日允許攝入量

怎樣保證使用之食品添加劑不會對身體產生有害影響？首
先，我們要制定每日允許攝入量（acceptable daily intake，簡稱
ADI）。ADI 的計算是對可以在一生中每天安全攝入，而不會對健康
造成不良影響的食品或飲用水中添加劑含量的估計值。例如硝酸鹽
[251]（sodium nitrate）的 ADI 為每日每公斤體重 0–3.65mg（相當
於 60 公斤的成人每日可攝入 219mg），而亞硝酸鹽 [250]（sodium
nitrite）的 ADI 為每日每公斤體重 0–0.06mg（相當於 60 公斤的成
人可每日攝入 3.6mg）。在符合每日允許攝入量的情況下，含有食
品添加劑的食物不會引起健康問題。但一些食品添加劑如二氧化硫
和味精／穀氨酸一鈉（monosodium glutamate，簡稱 MSG）能造
成過敏反應。如有食物敏感者，購買食品前應詳細閱讀食物包裝上
的成分表，查看是否含有可令他們產生過敏反應的食品添加劑。

食品添加劑的國際標準

食品法典委員會根據 JECFA 完成的安全性評估，以及由糧農
組織和世衛制定的標準，在《食品添加劑通用法典標準》（General
Standard for Food Additives，簡稱 GSFA）中確定食品和飲料中添

加劑的最高允許含量（maximum permitted level，簡稱MPL）[2]。
這個用以作為食物的法律或規則的標準，稱作「食品法典」
（CODEX），可視為國際食品貿易標準的參照，它能夠維護消費者
所吃的食物，不論產地都符合商定的安全和品質標準。

---

[2] 食品和飲料中的最高允許含量是基於良好生產規範（good manufacturing practice，簡稱 GMP）的使用水平，它的劑量無不良健康影響，並且低於每日允許攝入量（ADI）。

(1.6)

無所不在的食品添加劑
對健康的影響

食物添加劑在現代生活中早已被廣泛運用，甚至變成不可或缺的元素。日常用到的煮食調味料，如部分食用油會含有抗氧化劑，避免過早氧化變質；食鹽含有抗結劑，可在天氣潮濕時防止結塊。一般來說，加工食品包含多種食品添加劑，例如：即溶咖啡／奶茶，它們的主要成分是氫化植物油、玉米糖漿、酪蛋白、香料及食用色素；果凍，其主要成分是海藻酸鈉、洋菜、明膠、乳化劑、鹿角菜膠、香精、食用色素、甜味劑、酸度調節劑；米粉，其成分包括玉米澱粉、漂白劑、增稠劑；醃製肉製品如香腸、火腿，成分中含有著色劑、防腐劑；麵包，一般會加入乳化劑、麵粉處理劑、膨鬆劑、香料；蜜餞，會添加漂白劑、著色劑、防腐劑、甜味劑。

以下是一些因應用食品添加劑而引起健康問題爭議的例子。

嬰兒奶粉添加物越多越好？對嬰兒有何幫助或影響？

嬰兒配方奶粉是餵養嬰兒和幼兒以代替人乳的複溶粉（reconstituted powder），近年市面亦有嬰兒配方的液體奶。嬰兒配方食品在飲食中具有特殊作用，因為它們是某些嬰兒的唯一營養來源。嬰兒配方食品中最常用到的成分：純牛奶乳清和酪蛋白能作為蛋白質來源，植物油的混合物作為脂肪來源，乳糖作為碳水化合物來源，另外亦會使用到維生素與礦物質的混合物以及其他成分，

具體取決於製造商。此外,還有一些嬰兒配方奶粉使用大豆代替牛奶來作為蛋白質來源,以及將蛋白質水解為胺基酸,用於對其他蛋白質過敏的嬰兒。

但某些嬰兒奶粉添加劑可能會對健康產生不利影響,以下是一些示例:

• **部分水解的乳清蛋白 (hydrolyzed whey protein)**:乳清蛋白來自牛奶,牛奶是兒童中最常見的食物過敏源之一。過敏反應可包括腹瀉、蕁麻疹和嘴唇腫脹。

• **麥芽糊精 (maltodextrin)**:麥芽糊精是一種甜味劑,它可能來自基因改造玉米。麥芽糊精的副作用主要影響血糖,儘管它糖含量低,但其血糖指數 (glycemic index) 在 95 至 136 之間,比食用糖的血糖值 65 為高。

• **豆油 (soybean oil)**:豆油很便宜,幾乎所有加工食品中都含有豆油。像玉米一樣,除非另有說明,否則它很可能是由基因改造大豆 (genetically modified soybean) 提煉。它是一種高度不穩定的油,因此食品製造商對其進行了部分加氫處理以提高熔點並使其穩定,從而不會變酸。結果經過許多工序下其化學結構改變成為反式脂肪 (trans fat),攝入過多反式脂肪會增加對人體有害的低密度脂蛋白膽固醇 (LDL cholesterol) [3],並降低高密度脂蛋白膽固醇 (HDL cholesterol) [4]。

- **棕櫚油 (palm oil)**：研究表明，嬰兒不能正確消化棕櫚油。實際上，棕櫚油會與鈣發生反應，在嬰兒腸道內形成「肥皂」，導致大便變硬並降低骨質密度。種植棕櫚樹更是一種不可持續的農業實踐，它正在破壞動物的棲息地和環境。

- **高油酸紅花籽油 (high oleic safflower seed oil) 或高油酸葵花籽油 (high oleic sunflower seed oil)**：紅花籽／葵花籽油在包裝食品中非常普遍，因為它們很便宜。但因為它們經過高度的污染物處理，其 omega-6 脂肪酸含量很高，會促進發炎反應。

最近幾十年裡，添加到嬰兒配方食品中的成分，不僅可以更好地模擬人乳的成分，而且還可以帶來不少健康益處，可說利多於弊。例如，用鐵強化配方，添加核苷酸 (nucleotide) 並改變脂肪混合物的組成。最近，在美國、歐洲和其他地方已經可以買到含有花生四烯酸 (arachidonic acid，簡稱 ARA) 和二十二碳六烯酸 (docosahexaenoic acid，簡稱 DHA) 的額外來源的嬰兒配方食品，被認為可促進嬰兒大腦的發育。

為了改善嬰兒的腸道健康，目前最流行添加到嬰兒配方食品中的成分，包括益生菌 (probiotics) 和益生元 (prebiotics)。科學家在人類母乳中發現超過 200 種益生菌及最少 100 種益生元（主要

---

3 LDL cholesterol 全名為 low-density lipoprotein cholesterol，俗稱「壞膽固醇」。
4 HDL cholesterol 全名為 high-density lipoprotein cholesterol，俗稱「好膽固醇」。

是母乳低聚糖，human milk oligosaccharides，簡稱HMO）。最常見添加到嬰兒配方的益生菌類型是雙歧桿菌（*Bifidobacterium*）和乳桿菌（*Lactobacillus*）。一些研究表明，這些益生菌可以預防或治療兒童的傳染性腹瀉和異位性皮膚炎（濕疹）等疾病。

其他可能的健康益處，包括益生菌也許可以降低孩子與食物相關的過敏和哮喘的風險，預防尿道感染或改善嬰兒絞痛（colic）的症狀。大部分母乳中的HMO以2'-岩藻糖基乳糖（2'-fucosyllactose，簡稱2'-FL）和乳糖-N-新四糖（lacto-N-neotetraose，簡稱LNnT）為主，成為近年奶粉製造商經常加入新產品的HMO成分。研究發現HMO能促進腸道益生菌如雙歧桿菌的生長，此外HMO有效黏附害菌和病毒，避免它們在腸道內定殖（colonization）。亦有研究發現嬰兒食用加入了2'-FL和LNnT的奶粉，出現氣管感染的次數比沒有食用HMO奶粉的少，服用抗生素的需要也較少。

一些證據表明，在嬰兒配方食品中添加不同的益生元纖維（prebiotic fiber）/ 益生元低聚糖（prebiotic oligosaccharides），如低聚半乳糖（galacto-oligosaccharides，簡稱GOS）、低聚果糖（fructo-oligosaccharides，簡稱FOS）、聚葡萄糖（polydextrose）及其混合物，會改變母乳餵養嬰兒的胃腸道菌群。與食用標準配方奶粉的嬰兒相比，使用這些添加益生元補充配方奶粉的嬰兒的糞便酸鹼值（pH值）較低，腸內糞便的稠度低了，排便頻率高了，雙歧桿菌的濃度更高。

然而，有助證實使用這些生物活性成分對嬰兒能產生任何積極作用的證據仍然十分有限，此類添加物對健康狀況產生的好和壞影響尚需要進行更多的研究。

麵包越鬆軟，越多添加劑，越不健康？

由於要維持消費者對麵包質量和新鮮度（例如柔軟度和濕潤度）的期望，商業烘焙麵包師會根據所生產麵包的類型決定使用哪種添加劑。在商業市場上預先包裝好的麵包都是需要由不同的添加劑製成的，例如：

(i) 丙酸鈣 [282] (calcium propionate) 作為烘焙食品的防腐劑，對霉菌 (mold)、酵母菌及細菌等具有廣泛的抗菌作用，添加劑量通常在 0.1% 至 0.4% 之間；

(ii) 澱粉酶 [1100] (amylase) 可將澱粉轉化為麥芽糖以維持發酵，並產生足夠的氣體（二氧化碳）。麵粉中缺乏澱粉酶，可造成膨脹率不足，影響麵包體積。要糾正澱粉酶的不足，可以添加真菌澱粉酶製劑或麥芽粉（天然澱粉酶的豐富來源）到麵包中。

如果要使麵包柔軟、輕盈和蓬鬆的狀態持續數天，需要使用麵包軟化劑 / 麵包改良劑。乳化劑是主要的麵包軟化劑，它可使麵包輕盈軟熟並延緩陳舊 (staling)。常見的麵包乳化劑包括脂肪酸一甘油酯和脂肪酸二甘油酯 [471] (mono- and diglycerides of fatty

acids)、乳酰酸鈣鈉和鈣 [481] 和 [482] (sodium and calcium lactylate),以及乳酰化硬脂酸鈉和鈣 [481(i) 和 482(i)] (sodium and calcium stearoyl lactylate),它們的最高允許含量是 0.4%。乳化劑是表面活性劑的一部分,它們在烘焙食品中起著重要的作用,例如澱粉混合 (starch complexing)、蛋白質強化 (protein strengthening) 和保氣性 (aeration) 等幾個方面。

澱粉混合可以防止麵粉中的直鏈澱粉重新排列形成結晶 (retrogradation,一種稱為回凝的過程),避免麵包口感變得粗糙;蛋白質強化可以增加麵筋鏈彼此之間的結合,激活拉長麵筋,藉此留下更多空間來產生有助於麵團上升的氣體,並改善酵母發酵過程和麵包的整體口味,從而令麵包變得更輕盈、更蓬鬆,同時有效保持麵包的水分;乳化劑則能夠覆蓋泡沫中的氣泡,以提高泡沫穩定性,維持麵包「空氣感」,令其不易下塌。

在一般情況下,麵包中使用的所有添加劑均已獲得制定相關食品安全法規部門批准,並且可以在允許的安全水平內使用。但也有一些例外情況:如已被剔出 CODEX 的溴酸鉀 [924] (potassium bromate),它是一種有效的氧化劑,可幫助麵包膨脹,但它與動物的腎癌和甲狀腺癌的出現有關。另一個例子是偶氮二酰胺 [927a] (azodicarbonamide,簡稱 ADA),它是一種在泡沫和塑料 (如乙烯基) 中形成氣泡的化學物質,用於漂白和發酵麵團,但它同樣是與實驗動物的癌症有關。

• 有沒有天然方法令麵包變得鬆軟？

　　如果希望麵包有柔軟質地而又想避免使用麵包柔軟劑及麵包改良劑，則可以使用一些加工技術來達到效果。其中之一是起源於日本，並在亞洲國家中廣為流行的湯種方法（Yudane method）。湯種是通過將麵粉和溫度為100℃的沸水（比例通常為1：1）混合製成，理想的組合麵糊溫度約為50℃。待冷卻後，添加到麵包麵團中。加入沸水使麵粉中的澱粉糊化，糊化的澱粉不僅使澱粉吸收更多的水，還增加了澱粉的甜度。因此，將湯種添加到麵包麵團中，可以令麵包持續保持柔軟、濕潤和甜度一段較長的時間。不同於湯種方法將沸水倒在麵團上，另一種修改湯種的中式做法（Tangzhong）技術，是用沸水預煮一部分麵團，這同樣會使澱粉糊化並使麵包變軟。

人造食用染料／色素會產生健康問題？尤其對小孩的專注力有影響？

　　食用染料（food dyes）／色素（colors）是一種化學物質，其經過開發後可通過賦予人造色來改良食品的外觀。人們在食物中添加色素已有幾個世紀，第一種人工食用色素在1856年由煤焦油製成。如今，食用染料是由石油製成的。多年來，已經開發了數百種人造食用染料，但後來大多數人造食用染料被發現具有毒性，因此食品中只有少數幾種人造染料仍在使用。

已獲得EFSA和FDA批准用作食品添加劑的食用色素，均針對人類食用方面的安全性進行了評估，並製定了可接受的每日允許攝入量。以下是一些示例：

赤蘚紅 (Erythrosine)

國際編碼	127	顏色	櫻桃紅色
FDA 批准清單	Food, Drugs and Cosmetics (FD&C) Red No. 3		
常見使用範疇	糖果、冰條、蛋糕裝飾凝膠		
每日允許攝入量	每日每公斤體重 0－0.1mg		

誘惑紅 AC (Allura Red AC)

國際編碼	129	顏色	深紅色
FDA 批准清單	FD&C Red No. 40		
常見使用範疇	運動飲料、糖果、調味品、穀物		
每日允許攝入量	每日每公斤體重 0－7mg		

檸檬黃 (Tartrazine)

國際編碼	102	顏色	檸檬黃色
FDA 批准清單	FD&C Yellow No. 5		
常見使用範疇	糖果、汽水、薯片、爆米花、穀物		
每日允許攝入量	每日每公斤體重 0－10mg		

日落黃 (Sunset Yellow FCF)

國際編碼	110	顏色	橙黃色
FDA 批准清單	FD&C Yellow No. 6		
常見使用範疇	糖果、調味料、烘焙食品、果脯		
每日允許攝入量	每日每公斤體重 0－4mg		

亮藍 (Brilliant Blue FCF)

國際編碼	133	顏色	藍綠色
FDA 批准清單	FD&C Blue No. 1		
常見使用範疇	雪糕、豌豆罐頭、包裝湯、冰條、糖衣		
每日允許攝入量	每日每公斤體重 0－6mg		

靛藍洋紅 (Indigo Carmine)			
國際編碼	132	顏色	寶藍色
FDA 批准清單	FD&C Blue No. 2		
常見使用範疇	糖果、雪糕、穀物、零食		
每日允許攝入量	每日每公斤體重 0─5mg		

與天然食用色素（例如 β- 胡蘿蔔素和紅菜頭提取物）相比，食品製造商普遍更喜歡使用人工食用染料，因為它們產生的色彩更鮮艷奪目。一般來說，人造食用色素是通過對幾種具有部分食用染料化學結構的前體[5]（precursor）化合物進行一些化學反應去修飾其中的化學結構而合成的，例如，檸檬黃是使用鹽酸和亞硝酸鈉將氨基苯磺酸（amino benzenesulfonic acid）重氮化（diazotization）製造的。相反，天然食用色素是通過溶劑提取（solvent extraction）和隨後從其天然來源——例如，花色素苷（anthocyanin）就來自紅葡萄或黑加侖——中純化而製成的。但是，也有些食用色素是從天然來源的前體化合物中經化學修飾而來的，例如，靛藍洋紅是通過靛藍（indigo）的磺化（sulfonation）獲得的。

人造色素通常是從石油基產品中提取出來，以不同類型的化學物質組成。因此，它們會引起許多健康問題，例如過敏、癌症和其他行為問題。由人造色素引起的一些常見健康問題包括生理層面的

5 前體可指能夠參與化學反應的化學物質，最後可生成另一種化學物質。

濕疹、皮膚痕癢，或精神層面的多動症、精神錯亂、沮喪、情緒波動、睡眠障礙，以及出現暴力傾向等。

人造色素亦會使孩子過度活躍，並對他們的學習能力產生負面影響，亦有可能導致沒有行為問題的兒童注意力不集中。例如，1994 年的一項研究表明檸檬黃與行為改變有關，包括易怒、躁動、抑鬱和難以入睡。

在健康安全考慮下，越來越多食品製造公司正考慮從有機或天然來源中提取色素代替人造色素。這些天然色素包括薑黃素類 [100]、胡蘿蔔素類 [160a]、辣椒油樹脂 [160c]、紅菜頭中的甜菜紅 [162]、葡萄皮提取物中的花色素苷類 [163] 等。消費者可以仔細檢查食品包裝和產品上的標籤，從不同名稱或編碼來分辨，找出用於製作食品的成分和顏色是天然的還是人造的。

代糖其實是甜味劑，對健康有害無利？

甜味劑是一種食品添加劑，模仿糖對味覺的影響。甜味劑由具有非常強烈的甜味的物質組成，藉小量使用以代替大量糖才達到的甜味。因此，它們被稱為糖替代品。從飲料、甜點、蛋糕和即食食品，到口香糖和牙膏，甜味劑存在於成千上萬種的產品中。代糖是指人造甜味劑 (artificial sweeteners) / 非營養性甜味劑 (non-nutritive sweeteners)，屬於低熱量或無卡路里 (low or zero calorie) 的化學物質，它們不同於營養型甜味劑 (nutritive sweeteners)，後者將以糖的形式提供正常或減少的熱量。

英國癌症研究中心和美國國家癌症研究所均表示，甜味劑不會引起癌症。歐盟中的所有甜味劑都必須經過 EFSA 的嚴格安全評估，才能用於食品和飲料。作為評估甜味劑過程的一部分，EFSA 制訂了可接受的每日允許攝入量。

FDA 已經批准了六種人造甜味劑：糖精 [954] (saccharin) (ADI：15mg/kg)、乙酰磺胺酸鉀 [950] (acesulfame potassium) (ADI：15mg/kg)、天冬酰胺 / 阿斯巴甜 [951] (aspartame) (ADI：50mg/kg)、紐甜 [961] (neotame) (ADI：0.3mg/kg)、三氯半乳蔗糖 [955] (sucralose) (ADI：5mg/kg) 和 advantame（暫未有中文譯名，有人稱它為高倍甜味劑）(ADI：32.8mg/kg)。FDA 還批准了一種天然的低熱量甜味劑甜菊醇糖苷 / 甜葉菊 [960] (steviol glycosides) (ADI：4mg/kg)。如果以每包裝淨重 36mg 的甜味劑來計算 ADI（相當於 60 公斤的成人每日最大安全攝入量），糖精和阿斯巴甜每天可以安全食用的上限大概分別為 25 包和 83.3 包。

除此之外，獲得批准的營養型甜味劑有木糖醇 [967] (xylitol) 和山梨糖醇 [420] (sorbitol)，它們的 ADI 屬於「未指定」(not specified) 類別，這意味著，如果將木糖醇和山梨糖醇用於其預定目的（作為甜味劑），則可以安全地食用無限量的木糖醇和山梨糖醇。

EFSA 已經發出了有關木糖醇、山梨糖醇和三氯蔗糖等各類甜味劑有關口腔健康和控制血糖水平的健康評估，食品製造商聲稱，

甜味劑有助於防止蛀牙、控制血糖水平，並減少卡路里攝入量。甜味劑可能是安全的，但它們是否健康？

人體和大腦對這些甜味劑的反應非常複雜，常食用這類產品，有可能改變我們的食物口味。代糖比食用糖和高果糖玉米糖漿[6]的「效力」要強得多，小量添加已可產生與糖相當的甜味，而好處是沒有相同分量的糖所含有的卡路里。頻繁使用這些高強度甜味劑會過度刺激人體內的糖受體，從而限制對更複雜口味的耐受性。這意味著經常食用添加了人造甜味劑的食物，有可能令人的口味變得偏重，對於水果、蔬菜這類味道不太甜的食品減少興趣，感到淡而無味。換句話說，人造甜味劑雖然可以避開糖分和卡路里的吸收，卻又有可能令人的飲食習慣變得不健康，相比起天然食品，可能會更傾向選擇營養價值較低的人造風味食品。

同時亦有研究表明，人造甜味劑有可能阻止我們將甜味與熱量攝入聯繫起來，以為食物甜味不高，熱量就比較低，結果，我們可能會渴望更多的甜食，令體重增加。此外，由於人造甜味劑減低了卡路里的吸收，有些人可能會通過其他來源替代損失的卡路里，這會否導致「得不償失」，以為用「代糖」比較健康，卻又不知不覺吃多了？

6　高果糖玉米糖漿主要以玉米提煉，由玉米澱粉經酵素水解，轉化成果糖。由於其成本比蔗糖低，甜度相若，故被廣泛使用，尤其多用於各種飲料中。

代糖是否安全取決於你對安全性的定義。獲得 FDA 批准的研究在很大程度上是排除了癌症的風險。但是，這些研究使用的減肥汽水的量，比許多喝減肥汽水的人每天至少消耗的 24 安士少得多。這些化學物質在多年後會產生什麼影響仍然不確定。除癌症外，還要留意有否其他健康問題。根據 2022 年一項有關動脈粥樣硬化的多民族研究中，日常飲食中從飲料攝入非營養性甜味劑，會增加代謝綜合症和二型糖尿病的風險。

糖其實對身體不是有害無益，一切都取決於食用量和來源。天然形式的含糖食品，例如整個水果，往往營養豐富，纖維含量高，血糖負荷低。然而，大量消耗精製濃縮糖會迅速增加血糖和胰島素水平，增加三酸甘油酯、炎性介質和氧自由基，並伴有罹患糖尿病、心血管疾病和其他慢性疾病的風險。

食品添加劑應用於 不同食品的例子

人工香料 / 香精是如何研製出來？

　　風味（flavor）是我們在吃食物或喝飲料時感知到的全部感覺。風味包含物質的味道、氣味和我們認為的任何物理特徵。雖然天然食物本質上確實含有調味物質，但大部分加工 / 包裝食品中也含有調味劑，如香料。這些調味劑用於放大或調節與產品現有品質相關的感官體驗。所有香料，包括食品中固有的，以及天然和人工的，都是細小的化學化合物或化合物的混合物。FDA 廣泛定義了天然香料（natural flavors），包括從天然原料如植物原料（水果、根、樹皮、草藥等）或動物產品（肉、乳製品等）中分離出來的任何香料均屬天然香料。人造香料（artificial flavors）是任何未定義為天然的香料，即使它們的化學成分與直接從自然界中分離出來的香料完全相同。天然香料和人造化合物之間的起源有區別，但這與它們的安全、健康或味道無關。實際上，在受控實驗室環境中生產的人造香料在每個階段都經過嚴格的質量控制，不需要漫長、費力和資源密集的提取過程，也無需獲取天然稀有或難以培養的材料。因此，實際上有許多與天然性質相同的人工香料比其天然同類產品具有更高的純度，並且可以在對環境造成較小損害的情況下獲得。這些人工香料是由一群受過高度訓練的專業人員（稱為調味師或調味劑化學家）製備的。

以下是一些人工香料／香精的例子，大家一起看看它們究竟是如何研製出來的。

● 香草（雲呢拿）

即香蘭素（vanillin），又名香草醛、香草粉、香草精，化學名稱為 3- 甲氧基 -4- 羥基苯甲醛，是從蘭科植物香莢蘭豆（vanilla bean）中提取的一種有機化合物。在港澳地區通常被稱為「雲呢拿」。香草是全球最受歡迎的風味，它不僅可用於雪糕、糖果、蛋糕和餅乾之類，還可以增強甜味和其他口味（如巧克力、咖啡、水果和堅果中的口味），達到「提味」的效果。天然香草精是將香草豆浸入酒精中製成的，以提供香草醛和其他次要成分的溶液，這些成分可用於烹飪和烘烤。

儘管在香草提取物中檢測到多達 250 種味道和香氣成分，但大多數成分在暴露於高溫時會被破壞，從而導致香草風味的複雜性在烘烤時降低。

香莢蘭豆只能從少數熱帶地區的手工授粉的開花蘭花中獲得，使其成為珍貴的商品，考慮到全球對香草的大量需求（每年超過 16,000 公噸），有必要開發天然香草精的高質量替代品。大部分香草替代品實際上是與自然界相同的香蘭素，和從癒創木酚（guaiacol）或木質素（lignin）提取物中合成的香蘭素衍生物（vanillin derivatives）。除了提供廉價的香蘭素來源外，這類型的人工香精，其純度甚至比天然香草精更高。

• 牛油 / 黃油風味

丁二酮 (diacetyl) 和乙酰甲基甲醇 (acetoin) 是構成牛油風味 (butter flavor) 的主要化合物。這些是使牛油具有其獨特味道的化合物，因此，人造牛油或類似產品的製造商通常會添加丁二酮和乙酰甲基甲醇（以及黃色的 β– 胡蘿蔔素）。人造牛油主要是將液態植物油氫化 (hydrogenation) 成固態脂肪，但在氫化過程中會產生反式脂肪 (trans fat)。這種味道的化合物源於培養乳製品（例如牛油、乳酪和酸奶油）的過程中作為糖發酵的副產物，它們可以通過在工業規模上培養細菌或酵母而製成天然黃油香精。相同的化合物也能通過化學合成生產製成人造黃油香精。

果凍或橡皮軟糖中的明膠是什麼？

明膠 (gelatin) 是通過煮沸從動物體內獲得的膠原蛋白 (collagen) 而產生的。膠原蛋白蘊含動物和人體中最豐富的蛋白質，存在於結締組織中。結締組織負責連接並支撐其他組織。用於生產明膠的膠原蛋白通常是從豬的皮膚、牛的皮膚或牛的骨頭中獲得，亦可從魚皮中獲得。

明膠是一些受歡迎食品中的主要成分，例如果凍 (fruit jelly)、橡皮軟糖 (gummy/jelly candy)、高湯、清湯和肉凍。它是一種通用物質，除了作為食品添加劑外，還有許多其他用途，如使用於化妝品和藥品。它是一種淡黃色、幾乎無味的物質。將脫水明膠與水

和其他成分混合後，在烹飪時會凝固，因為明膠的蛋白會形成纏結的網狀袋，從而捕獲水和其他成分。明膠冷卻後，蛋白質仍然糾結在一起，形成那些非常誘人、搖擺不定的明膠甜點，例如果凍。

● 果凍的天敵──蛋白酶

在生產果凍的過程中，應注意有些水果如菠蘿、奇異果、芒果、木瓜、無花果或番石榴可能會阻止明膠固化。這些水果包含蛋白酶，會破壞明膠中的蛋白質，使它們不再糾結在一起，阻止明膠固化。但是，加熱水果（通過煮沸或蒸煮）理論上會使蛋白酶失活，令明膠混合物像正常情況（或接近正常情況）那樣固化。但是也有很多水果不包含蛋白酶，包括蘋果、藍莓、橙、覆盆子 (raspberry) 和士多啤梨，即使不加熱，也不會阻止明膠固化。

橡皮軟糖屬於可咀嚼果凍糖果 (chewable fruit jelly) 的類別，是用明膠為主要成分的糖果，有各種各樣的形狀、大小和口味，Haribo（德國品牌）是軟糖的原始製造商。屬於果凍糖果的橡皮軟糖可由明膠、果膠或鹿角菜膠，另外添加葡萄糖漿、糖、純淨水、檸檬酸鈉、水果和植物提取物、香料、色素和小量檸檬酸等製成。

明膠在現今的食品工業中被廣泛使用，但基於宗教理由或個人飲食習慣，一些人反對使用明膠，因為它是從動物組織中而來，或者是由特定動物的組織製成。例如對於某些宗教的信徒來說，任何由豬組織製成的產品都是不可接受的。某些宗教信仰的人要求以

特殊方式殺死牲畜（宰殺牲畜），然後才能食用從牲畜身上獲得的任何產品。一些素食者會吃雞蛋和乳製品，但不會吃其他動物來源的食物；亦有一些只吃植物。上述人士都會避免食用含有明膠的食品。

• 來自植物的明膠替代品

一些植物材料在水中形成凝膠，可以代替明膠，但它們與動物產品的性質略有不同。不過，對於不想使用從動物身上獲得的物質的人來說，植物衍生明膠是一個不錯的選擇。這些明膠替代品包括從海藻中提取的瓊脂[406]（agar）和鹿角菜膠[407]（carrageenan）。

明膠可以增加體內膠原蛋白的產生，因而部分人認為明膠可能有助於改善關節炎和其他關節疾病。明膠中的化學物質稱為胺基酸，可以在體內吸收。經口服時，食用添加了明膠的食品對大多數人來說是安全的，有研究證明即使每天食用最多10克的明膠，亦可以安全使用長達6個月。但要留意明膠可能會對部分人產生副作用，包括胃部不適、腹脹、胃灼熱和胃氣脹。明膠也可能會對部分人引起過敏反應。

因為明膠來自動物，它的安全性也導致一些擔憂。有些人擔心不安全的生產操作可能會導致明膠產品被患病動物組織污染，包括可能傳播瘋牛症（學名為牛海綿狀腦病，Bovine spongiform encephalopathy，簡稱BSE）的動物組織。儘管這種風險似乎很小，但不少專家還是建議不要使用動物源的明膠。

不同糖的區別和在食品中的應用

蔗糖（sucrose）是糖的化學名稱，在所有植物類型中，甜菜（sugar beet）和甘蔗（sugar cane）中糖的含量最高，因此所有糖都是通過先從甜菜或甘蔗植物中提取糖汁製成的。糖汁經過淨化和過濾雜質、結晶和乾燥過程中稍加調整並改變糖蜜（molasses）的水平，可以製成不同的糖品種，包括白砂糖（white sugar）和黑糖／紅糖／黃糖（brown sugar）。簡單來說，黑糖是精煉和加工程度最低的，顏色最深，香味最濃，糖蜜中含有較多雜質；紅糖／黃糖次之，白糖則是精煉後純化的糖。事實上，西方國家會以「brown sugar」作黑糖、紅糖、黃糖統稱，因此不同地區的「brown sugar」的顏色深淺度可以有相當差別。

糖被製成不同的晶體大小，以適用於不同的烹調方法和用途。例如中國人煲糖水時常用到的冰糖（rock sugar），其實就是蔗糖精製結晶，呈半透明大塊狀，水分含量較少，質量較佳，易於保存；而另一種中國人常用的片糖則是蔗糖的粗精製結晶產品。

糖的顏色主要取決於殘留在晶體上或添加到晶體中的糖蜜的數量，亦因此產生不同的風味並改變水分含量。糖蜜是一種黏稠液體，是製糖過程中的副產品，相比幾乎只含有蔗糖成分的白砂糖，

含有糖蜜的紅糖 / 黃糖 / 黑糖會多了一些營養物質，例如甜菜和甘蔗中的維生素或礦物質。糖蜜越多，即蔗糖含量越少，甜度和卡路里也相對較低。

白砂糖（white sugar）和紅糖 / 黃糖 / 黑糖（brown sugar）只是統稱，各自可再作以下細分：

• 白砂糖

這包括：

(i) 常規顆粒狀（regular/granulated）糖，因為晶體小且不易結塊，是烹飪和烘烤時最常用的糖；

(ii) 糖粉（icing/powdered sugar）只是將白砂糖磨碎成光滑的粉末，然後過篩。糖粉會與小量玉米澱粉（整體分量的 3%）混合以防止結塊。它通常用於糖衣、糖果和鮮奶油（whipped cream）；

(iii) 超細糖（superfine sugar）也稱為細砂糖（caster sugar），這種糖具有白色顆粒狀糖的最小結晶尺寸。它通常用於製作精緻或光滑的甜點，例如慕斯或布丁。由於晶體非常細，它即使在冷飲中也很容易溶解；

(iv) 粗砂糖（coarse sugar）的晶體大小比一般砂糖大，由於
　　 糖蜜中蔗糖含量越高，越能促進糖的結晶，而越大的糖
　　 晶體，越能使其在烹飪和烘烤溫度下發揮抵抗顏色變化
　　 或「轉化」（inversion）（果糖和葡萄糖自然分解成糖漿）
　　 的能力，這成為製造軟糖、糖果和酒的重要特性。

● 紅糖 / 黃糖 / 黑糖

　　 傳統的紅糖 / 黃糖屬於部分精煉的糖，也就是在製作白砂糖的
過程中，不將黑色的糖蜜完全除去，保留部分糖蜜；現時卻大多由
白糖與各種糖蜜混合製成，因現代大部分製糖的過程，會先直接生
產出白糖。市面上的「brown sugar」包括：

(i) 淡棕色糖 / 黃糖（light brown sugar），通常用於調味料
　　 和大多數烘焙食品中。它比白糖含有更多的水分，因此
　　 往往會結塊，從而使烘焙食品能夠很好地保持水分並保
　　 持耐嚼性；

(ii) 深棕色糖 / 紅糖（dark brown sugar）比淺棕色糖顏色較
　　 深，糖蜜風味更強，特別適合用來製作薑餅，或是用來
　　 烤豆和烹調燒烤食品；

(iii) 黑糖（粗粒）（demerara，中譯德梅拉拉糖）為淺棕色，
　　 帶有大的金色晶體，黏附的糖蜜略帶黏性。從甘蔗中提

取蔗糖後，可以將其脫水以製得這種糖，通常用於茶和咖啡的調味；

(iv) 黑糖（細粒）(turbinado，中譯托比那多糖）是一種部分加工的糖，僅表面糖蜜被洗掉。與烘烤中使用的紅糖／黃糖相比，其晶體較大，呈金色，風味更佳；

(v) 黑糖（muscovado sugar）又稱巴巴多斯糖，是一種未精製的蔗糖，其中的糖蜜沒有被去除。呈非常深的棕色，具有特別濃郁的糖蜜味。晶體比普通的紅糖稍粗和黏，使這種糖具有沙質感。

事實上，「brown sugar」是未精煉／加入糖蜜混合的糖的統稱，各地叫法和用法也有差別，因此上述提到的「黑糖」也不代表顏色一定是最深色呢！

● 稀有糖

當前，全世界一些疾病的發病率迅速增加，包括肥胖、高血脂、高血壓和糖尿病，這跟高脂肪和高糖食品的過量攝入有關。因此，低熱量的稀有糖（rare sugar）引起了研究人員的廣泛關注。根據國際稀有糖協會（International Society of Rare Sugars，簡稱 ISRS），稀有糖被定義為自然界中很少存在的單醣及其衍生物，而大多數單醣都是稀有糖。

在碳水化合物中，糖根據糖單位的數量進行分類，具有一個或兩個糖單元的糖分別稱為單醣和雙醣；寡醣和多醣的糖單位則分別為 10 個或以下和 10 個以上。已編譯的 42 種已知單醣清單中，其中一些可以經生產而成，而其他已經存在於大自然中。僅有的這 42 種單醣中有 7 種被認為是非稀有糖（而是自然界中大量存在的普通糖），包括 D- 葡萄糖（D-glucose）、D- 果糖（D-fructose）、D- 半乳糖（D-galactose）、D- 甘露糖（D-mannose）、D- 核糖（D-ribose）、D- 木糖（D-xylose）和 L- 阿拉伯糖（L-arabinose）。

稀有糖可以從無花果、大樹菠蘿等天然食物中找到，然而其含量非常少，因此才名為稀有糖。有別於代糖，稀有糖是真正的糖，只是熱量極低，卻有近似蔗糖的甜度。這種低熱量的蔗糖替代品可能會改變未來的甜味劑市場。

最近，美國食品和藥物管理局（FDA）批准兩款稀有糖──D- 塔格糖（D-tagatose）和 D- 阿洛酮糖（D-allulose）[以前稱為 D- 阿膠糖（D-psicose）] ──具有「一般認為是安全的」（GRAS）[7] 性質。D- 阿洛酮糖是食品中蔗糖的絕佳替代品，其甜度只比蔗糖少30%，但相比蔗糖每克 4 卡路里，它的熱量只有蔗糖的 1/10（每克 0.4 卡路里）。人的身體能夠吸收 D- 阿洛酮糖，但不會將其代

7　GRAS 的全寫為 generally recognized as safe，是美國食品和藥物管理局針對化學物質或食品添加物的安全性指標。

謝為葡萄糖，因此幾乎不含卡路里。而 D- 塔格糖的甜度比蔗糖低8%，但每克僅含有 1.5 卡路里。

同時，D- 塔格糖是一種潛在的新型抗糖尿病和肥胖症控制藥物，它的藥物活性亦已被廣泛研究，顯示具備抗腫瘤、抗炎、抗高血壓、防寒和免疫抑制作用等。

然而，稀有糖仍在有限制地使用，除了因為其低自然存在率外，主要是由於其相當昂貴的合成方法。日本稀有糖研究中心的何森健教授（Professor Ken Izumori）和同事開發了一種經濟而有效地生產稀有糖的方法，稱為出霧（Izumoring），這包括使用酶促技術和微生物反應的生產過程合成稀有糖。相對於化學合成方法，這方法具有許多優勢，包括適度的反應條件和高特異性（high specificity）、高生產效率和可持續性，能夠減少化學廢物和副產物產生，對環境更友好。

即食麵 vs 蒟蒻麵製作時使用添加劑的區別

即食麵由小麥粉和／或米粉、其他麵粉／澱粉為主要成分，添加或不添加其他成分，但可能會添加鹼性劑。鹼性劑會影響麵粉中的類胡蘿蔔素，使麵條呈現黃色。即食麵的特點是採用預糊化（pre-gelatinization）工藝，在有足夠水和熱力的環境下，分解麵粉中澱粉分子的分子間作用力，然後通過油炸或非油炸方法（烤箱加熱）進行脫水。以油炸或非油炸製作的即食麵使用的食品添加劑

包括酸度調節劑、抗氧化劑、著色劑、增味劑、穩定劑、增稠劑、
水分保持劑、乳化劑、麵粉處理劑、防腐劑和抗結劑。

　　蒟蒻麵／魔芋麵（shirataki noodles/konjac noodles）主要由
一種名為魔芋（konnyaku potato/konjac yam）的植物的球莖部分
（corm）製成。這種獨特的球莖（就像一些花朵所生長的鱗莖一樣）
僅包含小量可消化的碳水化合物，而大多數碳水化合物都是不易
消化和來自一種叫葡甘露聚醣（glucomannan/konjac mannan）的
膳食纖維（dietary fiber）。在製作魔芋麵條時，首先要將魔芋製成
魔芋粉／蒟蒻粉 [425]（konjac flour），然後將它與水和石灰水混
合。石灰水是一種氫氧化鈣 [526]（calcium hydroxide）溶液，是
一種固化劑，有助於將混合物保持在一起，因此可以切成麵條。

　　魔芋麵條的另一個通用名稱是 shirataki 麵，日語中有「白色
瀑布」的意思，日本人認為半透明的麵條倒入碗中時就像瀑布的水
往下流一樣，因而得名。魔芋麵條本身沒有味道，含有約 97% 的
水和 3% 的葡甘露聚醣，因缺乏小麥粉，所以是低熱量且沒有可消
化碳水化合物的食品。魔芋麵條另一特色為高纖維（high fiber），
所以能提供飽足感。葡甘露聚醣屬於一種可溶性膳食纖維，能
通過在胃和腸中吸收水分形成用於治療便秘的膨鬆纖維（bulking
fiber）。它還可減慢腸道中糖和膽固醇的吸收，有助於控制糖尿病
中的糖水平，並降低膽固醇水平。這使魔芋麵非常適合低碳水化
合物和無麩質（gluten free）的飲食。在食品中，魔芋粉／蒟蒻粉
[425] 被用作增稠劑。對大多數成年人來說，食用魔芋粉／蒟蒻粉

或魔芋麵是安全的。但是攝入過多魔芋粉可能會產生一些副作用，包括腹脹、腹瀉或大便稀疏，以及腹痛等。

● 健康關鍵在調味包

與魔芋麵相比，即食麵含有更多的食品添加劑，可能會引起一些健康問題。這是由於大多數即食麵都附有調味包，包含穀氨酸一鈉（味精）[621]。味精是一種常見的食品增味劑，用於增強加工食品的風味。儘管 FDA 承認味精可以安全食用，但其對健康的潛在影響仍存在爭議。一些研究已將極高的味精攝入量與體重增加，甚至血壓升高、頭痛和噁心聯繫起來。然而，其他研究發現，當人們食用適量味精的時候，它與體重之間沒有關聯。儘管味精可能適度安全，但有些人可能對味精敏感，應限制攝入量。這種情況被稱為味精症候群 (MSG syndrome/symptom complex)，病人可能會出現頭痛、肌肉緊繃、麻木和刺痛等症狀。即食麵還含有大量的鹽（鈉）和飽和脂肪（棕櫚油），它們是高血壓和其他心血管疾病的危險因素。

新鮮牛奶不同的加工方法和牛奶飲料使用的添加劑

長期以來，人們一直將新鮮牛奶 (fresh milk) 視為必不可少的必需營養素的天然來源。鮮牛奶不是指單一類型的牛奶，而是指多種牛奶，它們種類繁多，包括全脂牛奶 (regular/whole/full-fat milk)、低脂牛奶 (low-fat milk)、脫脂牛奶 (skim milk)、無乳糖牛奶

(lactose-free milk)、培養牛奶／發酵牛奶 (cultured milk/fermented milk) 和牛奶飲料 (milk drink)／奶類飲品 (milk beverage) 等。

雖然營養狀況可能會因牛奶的類型而有差異，但所有新鮮牛奶都含有必不可少的營養素，例如鈣和蛋白質，對骨骼生長和肌肉健康有益。新鮮牛奶的營養成分豐富，卻極易受到微生物變質的影響，有可能危害健康。要延長新鮮牛奶的保存期，無需添加劑或化學處理，但需要經過巴士德消毒法 (pasteurization) 和均質化 (homogenization) 處理。巴士德消毒法要求將原奶加熱一定時間，以確保原奶中存在的任何致病細菌均遭到破壞；而均質化則需要將原奶中的脂肪球分解，將它們均勻分佈之前，需確保它們的平滑度和一致性。此外，冷藏條件（4℃）是牛奶新鮮度的關鍵，在正常的一週保質期內，能確保消費者從經巴士德消毒處理的牛奶中獲得自然的營養益處，而不必擔心與未經加工的牛奶有關的任何風險。

長壽命 (long-life)／超高溫處理 (ultra-high temperature，簡稱 UHT) 牛奶一詞用於描述經過特殊處理的牛奶，以幫助其在冰箱或陰涼的環境中保存更長的時間。長壽命牛奶的好處與任何其他類型的牛奶一樣，因為它含有相同的必需營養素。新鮮和長壽命牛奶之間的區別是加工方法，前者將新鮮牛奶（應用巴士德消毒法）加熱至 74℃ 並持續 15 秒；後者則被加熱到 140℃ 並持續 2 秒鐘，然後進行無菌包裝。與經過巴士德消毒的牛奶相比，處理長壽命牛奶的高溫減少更多細菌和耐熱酶，從而延長了貨架期。但與巴士德消

毒牛奶相比，UHT 處理過的牛奶會破壞一些不耐熱的營養成分，例如某些維生素。長壽命牛奶可以在室溫中保存長達 6 個月，但一旦開封，則需要冷藏。跟新鮮牛奶一樣，已開封及冷藏的長壽命牛奶，宜在 7 天內用完。

• 低脂牛奶和脫脂牛奶

低脂牛奶和脫脂牛奶的生產是通過離心分離機械去除全脂牛奶的部分脂肪。相比全脂牛奶中約 4% 的脂肪，低脂牛奶的脂肪含量不多於 1.5%，其中很大一部分的成分都被分配給其他非脂肪成分。與普通牛奶相比，低脂牛奶中鈣的含量更高，且不會損害其他必需營養素。對於那些飲食中需要較高蛋白質和鈣的消費者而言，低脂將是一個好的選擇。脫脂牛奶中的脂肪不多於 0.3%。一些脫脂牛奶可能會添加額外的牛奶固體（如乳糖和蛋白質），以改善其口味和質地，因為它們的脂肪含量非常低，會影響牛奶的味道和順滑度。

不含乳糖的牛奶變得越來越受歡迎，因社會上不少人都有乳糖不耐症（lactose intolerance）的問題，食用奶類產品後容易有腹瀉或脹氣等症候。那些未完全消化的乳糖由於在小腸中吸收了過多的水分，因而造成刺激作用而令人腹瀉或腸胃不適。對於能耐受乳糖的人來說，他們體內有乳糖酶，可以將乳糖消化成葡萄糖和甘露糖，從而有效地被人體吸收。不含乳糖的牛奶的生產，是將一種叫

做乳糖酶（lactase）的酵素加入到牛奶中，以幫助分解牛奶中所含
的乳糖，有助於緩解消化，並消除因消化窘迫引起的腸胃不適。

• 其他牛奶類別

　　培養牛奶或發酵牛奶是指已經用活益生菌（lactic acid
bacteria，簡稱LAB）培養的牛奶。益生菌是一種良好的細菌，有
助於平衡腸道微生態，使消化系統整體健康。經巴士德消毒處理的
牛奶可以消滅有害細菌，而發酵牛奶則添加了這些營養良好的細菌
〔例如乳酸桿菌（*Lactobacillus*）〕和其他帶來有益結果的營養素，
例如維生素 A、C 和 E，可以為培養的牛奶產品增加更多的營養價
值。此外，發酵牛奶中的乳糖在發酵過程中被細菌消耗，所以糖分
較低，是一種健康之選。

　　牛奶飲料／奶類飲品指任何將液態乳脂（liquid milk fat）與其
他源自牛奶的固體混合而得的飲料，根據《食物及藥物（成分組合
及標籤）規例》，此類產品的脂肪不得少於 0.1%。與其他新鮮牛奶
產品相比，它的成分包含許多食品添加劑。

　　針對年輕人市場，尤其是年幼兒童，坊間出現不少調味牛奶飲
料，例如巧克力、士多啤梨、香蕉、蜜瓜口味等，添加人造香料，
增加牛奶產品的新鮮感。舉例，巧克力牛奶飲料包括部分脫脂牛
奶、糖（或葡萄糖、果糖）、可可粉、色素、鹽、鹿角菜膠、維生
素 A 棕櫚酸酯（retinyl palmitate）、維生素 D3 等。

1.8

天然食品添加劑

　　近年大家越來越重視健康，天然食品添加劑引起了公眾和食品製造商的更多關注。注重產品成分的消費者一般會選擇不含添加劑的食品，但是如果無法避免時，他們通常會選擇標籤顯示「全天然添加劑」或「無合成添加劑」的食品。由於有大量的合成和天然添加劑，加上大多數人對天然和合成化合物的區分缺乏了解，一般消費者對食物標籤中的含義也是一知半解。

　　事實上，天然添加劑（如防腐劑、抗氧化劑、色素或甜味劑）仍然沒有清晰的定義。在歐盟和美國，只有天然調味劑具有法規，而其他天然添加劑被轉移到其他類別的添加劑中，導致錯誤的解釋，以至將天然或合成物質混淆起來。天然添加劑沒有明確的類別，在歐盟，它們與其他所有同類性質的添加劑都被歸入相同的「E」類。如迷迭香（rosemary）富含多酚提取物（polyphenolic），被用作食品中的天然抗氧化劑，它被鑑定為食品添加劑[E392]，可見於食品如油、動物脂肪（例如牛油）、調味料、烘焙食品、肉餡餅和魚類罐頭等。

天然抗氧化劑和防腐劑

　　天然抗氧化劑的另一個例子有維生素E〔化學名為生育酚[306–309] (tocopherol)，共4種〕，常用於培根（應用劑量為

300mg/kg)、各種加工肉類、乳製品和油等。天然防腐劑如乳鏈
菌肽 [234] (nisin) 是最常用的細菌素 (bacteriocin) 之一，乃食品
級細菌經發酵後製成的產品，適用於乳製品、飲料、雞蛋、肉類
等。它也可以用作塗料和薄膜的成分，添加到食物上形成保護塗
層。

天然色素和甜味劑

色素方面，有胭脂樹橙 [160b]，又稱為「安那託」(annatto)，
是從樹中提取呈黃色至橙色的天然色素，它被廣泛用於蛋糕、餅
乾、乳製品、麵粉、汽水、小吃和肉類產品等。辣椒油樹脂[160c]
(paprika oleoresin) 是顏色為橙色到紅色的天然色素。辣椒粉是一
種從胡椒中提取的香料，它提供多種有益化合物，包括維生素A、
辣椒素和類胡蘿蔔素。

天然甜味劑可分為兩組——增量甜味劑和高效甜味劑。前者的
效力為一個或更少的蔗糖分子[8]，而後者的效力高於一個蔗糖分子
的甜度。增量甜味劑如赤蘚糖醇 [968] (erythritol) 是現有最古老
的天然甜味劑之一，可以在葡萄、桃子、梨、西瓜和蘑菇中找到。
除了在天然植物中提取，赤蘚糖醇也可以人工合成。它適用於烘焙
食品、塗料、糖霜、發酵牛奶、巧克力、低熱量飲料、糖果、口香

8 蔗糖是甜度的國際標準。甜度是針對最常見的糖——蔗糖而設定的，以一對一的分子
為基礎進行比較。

59

糖等。高效甜味劑如甜菊醇糖苷〔960〕是從植物甜葉菊中提純，即以化學方法，將混合物中的雜質淨化，提高其主要物質的純度。它適用於飲料、乳製品、雪糕、冷凍甜點、無糖糖果、薄荷糖和調味料。

天然添加劑已成為保存食物的主要方式，現時大多數消費者都偏好選擇使用天然添加劑的食品，而不是合成添加劑，因此尋找新的、更有效的天然添加劑成為了食品行業未來發展的一大趨勢。但天然添加劑也有一些缺點，例如：由於某些天然添加劑的需求高於合成添加劑，導致使用這些添加劑的成本增加，或無法與生產流程配合。此外，亦難以找到能夠大量產生某些天然添加劑的植物或微生物的來源。儘管存在這些局限性，但由於具有健康益處和協同作用，天然食品添加劑仍是食品保鮮的未來趨勢。

營養添加劑 / 營養強化劑 和膳食補充劑 / 營養補充劑

要保持身體健康，均衡飲食十分重要，若有偏食習慣，或由於一些飲食習俗影響而無法做到多樣化的膳食，營養當然不夠全面。因此，不同的營養補充劑（nutritional supplements）或營養強化食物（nutrient fortified food）相繼出現，以改善人群的微量營養素（micronutrient）。從營養的角度看，營養添加劑和膳食補充劑（dietary supplements）都來自食物的天然營養素，並具備類似或相同性質的營養功能。包含營養添加劑的食品構成我們正常飲食的一部分，而膳食補充劑是用於有特殊需要的健康狀況，例如長者、兒童、孕婦、餵哺母乳的婦女等。一些在特殊環境工作的人士，例如需要進行一定程度的體力勞動，或是在極端溫度、高原、低日照地方工作的人，根據工作性質使用膳食補充劑同樣有必要。

營養添加劑的應用和類別

在食品法典委員會劃分的食品添加劑 27 種用途類別中並沒有包括營養添加劑。營養添加劑包括維生素、礦物質或其他營養素。在現代營養科學的發展下，研究人員會根據不同地區或特殊需要人士，加入一種或多種微量營養素或其他營養物質到食品中，製成各種營養強化食品。使用營養添加劑的目的僅在於彌補生產過程中、加工期間及儲存時造成的營養素損失（nutrient loss），強化（fortified）或豐富（enriched）某些食品以改善飲食不足導致的營養

問題。強化食品是指作為被強化的載體,營養強化劑是指加入到強化食品的營養素或其他營養成分。強化食品的食用量並沒有限制和指引,不受監管。食品的強化始於 1924 年,當時在食鹽中添加了碘以預防甲狀腺腫脹。維生素通常被添加到許多食物中,以豐富其營養價值。例如,將維生素 A 和 D 添加到乳製品和穀物中;將多種維生素 B,包括硫胺素(維生素 B_1)、核黃素(維生素 B_2)、菸鹼酸(維生素 B_3)、吡哆醇(維生素 B_6)、葉酸(維生素 B_9)添加到麵粉、穀物、烘焙食品和麵食中;將維生素 C 添加到果汁飲料、穀物、乳製品和糖果中。其他營養添加劑包括必需脂肪酸[9]亞油酸、礦物質(例如鈣和鐵)、胺基酸(L–色胺酸、L–賴胺酸、L–亮胺酸、L–蛋胺酸)和膳食纖維。值得注意的是,維生素不能任意添加,亦不是添加越多越好,例如脂溶性維生素吃過量有可能導致中毒,必須參考標準強化量,這樣才能做到既有效又安全,緊記過猶不及。

膳食補充劑的優點和缺點

膳食補充劑的法律定義為含有「飲食成分」並經口攝入的產品。飲食成分包括維生素、礦物質、胺基酸、草藥或植物藥,以及可用於補充飲食的其他物質。膳食補充劑並不是以提供能量為目的,它們以補充維生素和礦物質為重點,以單一的,或是複合的形

9　必需脂肪酸是維持人體運作中不可缺少的營養,但人體不能自行生成這些物質,只能依靠飲食攝取。

式加入到產品中。膳食補充劑有不同的包裝方式，包括丸劑、膠囊劑、散劑、凝膠片或液體等，可在日常飲食以外添加營養。其中一些補充劑可以幫助確保人體攝入足夠所需分量的重要物質，有助於減少患病的風險，如降低骨質疏鬆症或關節炎等健康問題的風險。但是膳食補充劑不能替代日常必需食用不同種類食物的健康飲食原則。在正常情況下，人們應該能夠從均衡飲食中獲取所需的所有營養，但是當飲食缺乏或因某些健康狀況（例如癌症、糖尿病或慢性腹瀉）引發營養缺乏時，膳食補充劑便可以提供額外的營養。它們可用於治療缺鐵等疾病，或降低患有高血壓等疾病的風險。例如，大劑量的維生素 B_3 可以幫助提升高密度脂蛋白膽固醇（好的膽固醇）。而葉酸長期被用於減少稱為脊柱裂的出生缺陷風險。抗氧化劑，例如維生素 C 和維生素 E，可能會降低化療藥物的毒性作用（使患者能夠耐受大劑量的化學藥物）。但與藥物不同，膳食補充劑不允許以服用後可預防、緩和或治癒疾病的說明作為營銷宣傳，即不應有一些不合法的宣傳字句，例如「降低膽固醇」或「治療心臟病」之類。

除非確定患有特定的營養缺乏症，否則若日常保持適當飲食和運動，通常就不需要再額外使用膳食補充劑。而有需要使用時，確保適當服用的情況下，就能避免因過度攝入而引起潛在的副作用和毒性。

只要遵循產品說明，大多數膳食補充劑都是安全的，但是大劑量攝取某些營養素可能會產生不良影響，甚至有可能造成嚴重傷

害和增加死亡的風險。攝取過量膳食補充劑的潛在副作用和毒性包括：過量維生素 E 有可能增強血液稀釋劑的作用，導致容易瘀傷和流鼻血；長期攝取過量維生素 B_6 可能會導致嚴重的神經損傷；當維生素 C 的攝入量高於腸道吸收的劑量時，會引起腹瀉；過量鐵和鈣會降低多達 40% 的抗生素〔即四環素（tetracycline）和氟喹諾酮類（fluoroquinolones）〕的功效；大量攝入硒（selenium）、硼（boron）和鐵（iron）有可能導致中毒。

參考文獻

Centre for Food Safety. (2007). *The consumer guide to food additives*. Centre for Food Safety, Food and Environmental Hygiene Department. Retrieved October 11, 2022, from https://www.cfs.gov.hk/english/whatsnew/whatsnew_fstr/files/ins_list_alpha_order.pdf

Center for Food Safety and Applied Nutrition. (n.d.). *Food Additive Status list*. U.S. Food and Drug Administration. Retrieved February 10, 2023, from https://www.fda.gov/food/food-additives-petitions/food-additive-status-list#for

Chan, P. N. (2015). Chemical properties and applications of food additives: Preservatives, dietary ingredients, and processing aids. *Handbook of Food Chemistry*, 75—100. https://doi.org/10.1007/978-3-642-36605-5_37

Debras, C., Chazelas, E., Sellem, L., Porcher, R., Druesne-Pecollo, N., Esseddik, Y., de Edelenyi, F. S., Agaësse, C., De Sa, A., Lutchia, R., Fezeu, L. K., Julia, C., Kesse-Guyot, E., Allès, B., Galan, P., Hercberg, S., Deschasaux-Tanguy, M., Huybrechts, I., Srour, B., & Touvier, M. (2022). Artificial Sweeteners and risk of cardiovascular diseases: Results from the prospective NutriNet-Santé cohort. *The British Medical Journal*. https://doi.org/10.1136/bmj-2022-071204

Food and Agriculture Organization of the United Nations. (n.d.). *Joint FAO/WHO Expert Committee on Food Additives (JECFA)*. Retrieved February 10, 2023, from https://www.fao.org/food-safety/scientific advice/jecfa/en/

Pressman, P., Clemens, R., Hayes, W., & Reddy, C. (2017). Food additive safety: A review of toxicologic and regulatory issues. *Toxicology Research and Application*, *1*, 1—22. https://doi.org/10.1177/2397847317723572

Rowe, K. S., & Rowe, K. J. (1994). Synthetic food coloring and behavior: A dose response effect in a double-blind, placebo-controlled, repeated-measures study. *The Journal of Pediatrics*, *125*(5), 691—698. https://doi.org/10.1016/s0022-3476(06)80164-2

Sigurdson, G. T., Tang, P., & Giusti, M. M. (2017). Natural colorants: Food colorants from natural sources. *Annual Review of Food Science and Technology*, *8*(1), 261—280. https://doi.org/10.1146/annurev-food-030216-025923

The Codex Alimentarius Commission. (n.d.). *Codex general standard for food additives (GSFA) online database*. Retrieved October 11, 2022, from http://www.fao.org/fao-who-codexalimentarius/codex-texts/dbs/gsfa/en/

第二章 · Food Science · Food Science ·

食品安全：
食物變質/腐爛、
中毒與保存

{ 食物變質 / 腐爛的成因 }

所有食物均起源於生物材料，隨著時間的推移，它們都會出現變質 / 腐爛（food spoilage/deterioration）的情況。當食品的狀況不再為消費者所接受時，則認為該食品已變質。食用變質了的食物可能會對身體有害，極端情況更可能導致疾病，甚至死亡。食物變質的情況包括變色、氣味變化、質地變化和 / 或營養成分流失。

導致食物變質和食物損壞的機制很複雜，通常涉及一種以上的機制，以下將會講解物理和化學因素、環境因素、微生物方面的各種關鍵機制如何導致食物變質。

物理 / 質地變化

• 機械損壞

在食品處理過程中造成的機械損壞（mechanical damage）可能導致消費者無法接受，以及令產品進一步變質，例如新鮮水果和蔬菜在收成、包裝、運輸和分配過程中受碰撞或刺穿，令其受損導致變質。由細胞破裂引起的酶促褐變（enzymatic browning）會造成顏色變化，並促進微生物的生長。乾燥、易碎的薄脆、餅乾、即食穀物和零食薯片等加工食品可能會因在運輸和分配過程中處理不當而損壞，然而這些只是形態上出現變化，不會造成食物安全問題。

• 水分

　　大多數食品在本質上都是吸濕性的。它們會根據周圍環境的濕度而獲得或失去水分。水分交換的典型影響是導致質地變化，乾燥食品（例如餅乾）在吸收水分後會失去其鬆脆特質並變得濕潤；而具柔軟質感的食品（具有所需的耐嚼性，例如法包）失去水分則會變硬和變脆。

• 溫度

　　溫度是影響食品物理穩定性的另一個主要因素。波動的溫度，以及低溫和高溫都可能導致食物變質。新鮮水果和蔬菜在收成後，它們的活細胞仍然繼續呼吸並產生熱量，通過降低產品溫度可以降低呼吸速率。更性果實（climacteric fruit）如香蕉、芒果、蘋果和桃子等被採收後會有「後熟」的現象，即果實會繼續成熟下去，這是因為乙烯（ethylene）[1]的持續釋放。乙烯充當植物的生長調節劑，並可導致加速衰老。較高的溫度導致更多的乙烯產生，並且使此類產物衰老速度更快。

　　脂肪形成結晶亦會導致環境溫度下儲存的食物發生不可接受的變化。例如巧克力中的脂肪結晶是由於溫度波動引起的。巧克力中

1　乙烯是一種植物激素，由果實的植物組織中的甲硫氨酸（又稱蛋胺酸，是胺基酸的一種）產生，這種揮發性氣體有催熟果實的作用。

的可可脂肪（cocoa butter）主要是由棕櫚酸（palmitic acid）、硬脂酸（stearic acid）及油酸（oleic acid）等飽和脂肪酸組成，它們可以在高於室溫的溫度下融化，然後遷移到巧克力表面，重新結晶後形成一層油性的白色點點，導致產品變白，通常被稱為脂肪綻放（fat bloom）。如果有水分凝結在巧克力表面，則會吸收巧克力內部的糖分，引起褐變反應（browning reaction），從而導致巧克力呈現令人難以接受的淡灰色外觀。

製成乳化液（emulsion）的食物，例如蛋黃醬、人造牛油和沙拉調味品，如儲存的環境溫度偏高，可能會出現乳脂狀或液滴聚結（creaming/coalescence）現象，使原本混在一起乳化好的油相和水相分離，影響食物品質和風味。

化學變質

撇除某些特殊情況（例如在製作葡萄酒、乳酪或水果成熟期間），一般來說，在儲存食品的過程中食品中發生化學（chemical）和生化（biochemical）變化是不良的。以下將會講解一些環境因素引起的化學反應，一般來說，出現化學反應或化學成分的分解會導致食物變質。

• 氧化

在化學變化的多數情況下，氧化（oxidation）[2] 是罪魁禍首之一。例如，暴露在空氣中的烘焙咖啡會因為咖啡中存在的油被氧

化而失去其風味。如果是啤酒，異味會隨著其風味成分的氧化而產生。許多必需營養素（例如維生素）在空氣存在下會被氧化，從而導致功效降低。新鮮切開的蔬果，例如蘋果，當中的過氧化氫酶 (catalase) 會在空氣中被催化，導致褐變 (browning)，使食物失去吸引力。

　　許多含有油脂的食品中，異味 (off-flavors) 的產生通常是酸敗 (rancidity) 的結果。解脂 / 水解酸敗 (lipolytic/hydrolytic rancidity) 是指脂肪酶 (lipase) 催化解脂 (lipolysis) 等反應，繼而產生游離脂肪酸 (free fatty acids，簡稱 FFA)。許多食物都含有脂肪酶，例如乳製品、可可粉、椰子乾。酸敗的味道是從甘油三酸酯分子 (triglycerides) 上水解 (hydrolysis)[3] 下來的游離脂肪酸所引起。

$$
\begin{array}{lll}
H_2\text{-C-OOCR}_1 & CH_2OH & R_1COOH \\
\mid & \mid & \\
H\text{-C-OOCR}_2 + 3H_2O \longrightarrow & CHOH \quad + & R_2COOH \\
\mid & \mid & \\
H_2\text{-C-OOCR}_2 & CH_2OH & R_3COCH
\end{array}
$$

甘油三酸酯分子　　　　　　甘油　　　　　　脂肪酸
(Triglycerides)　　　　　　(Glycerol)　　　(Fatty acids)

2　氧化是指當一種物質與氧氣或另一種氧化物質接觸時發生的化學反應。例如切開蘋果後會「生鏽」，即果肉表面變成棕色，就是氧化所致。氧化這個術語，最初用於描述元素與氧結合的反應，但是現在當反應物在反應過程中失去電子時，它也被稱為氧化。

3　水解即是大分子斷鏈生成小分子的過程，高溫是其中一個導致水解的因素。

氧化酸敗（oxidative rancidity）是由在食物中廣泛存在的脂氧合酶（lipoxygenase）或金屬離子（例如銅 Cu^{2+}）引發。兩者氧化的中間產物都包括會產生異味的氫過氧化物（hydroperoxides）。易出現氧化酸敗的食物包括利用噴霧乾燥（spray drying）生產的成人和嬰兒奶粉和巧克力速溶粉。與飽和脂肪酸相比，多元不飽和脂肪酸（polyunsaturated fatty acids，簡稱 PUFAs）的存在會加速酸敗，因為 PUFAs 有更多不飽和的碳 – 碳雙鍵［carbon–carbon double bonds (unsaturation)］，所以其氧化速度更快。氧化酸敗率跟碳 – 碳雙鍵的數目和不飽和度成正比。因此，魚油的氧化速度比棕櫚油快得多，因為魚油中的多元不飽和脂肪酸（EPA 和 DHA）含量很高，棕櫚油中則是飽和脂肪酸（palmitic acid）含量很高。

化學水解（chemical hydrolysis）是指食物中化合物的水解而導致變質，例如在含有阿斯巴甜（aspartame）的碳酸飲料（carbonated drinks）中，水解反應會破壞阿斯巴甜，從而降低飲料中的甜味。

脂質氧化（lipid oxidation）是油和含脂肪的食物（例如堅果、油炸食品、肉、奶粉和咖啡）中最常見的變質反應之一。不飽和脂肪酸在氧氣存在下被氧化，引起顏色變化，並產生異味。氧化速率受不飽和脂肪酸含量影響。光、熱和微量金屬可以催化脂質氧化反應。

● 回生和褐變反應

碳水化合物會由於回生（retrogradation）和褐變反應而變質。

回生會發生在先前已經糊化（gelatinization）[4] 的澱粉中。澱粉可分為直鏈澱粉（amylose，又稱糖澱粉）和支鏈澱粉（amylopectin，又稱膠澱粉），一般澱粉顆粒內，支鏈澱粉約佔80%，直鏈澱粉約佔20%。直鏈澱粉的水解消化作用比支鏈澱粉緩慢。與大分子的支鏈澱粉相比，由於直鏈澱粉是較小的分子，它在糊化過程中失去結晶度，但在室溫或低溫儲存期間，卻開始凝結並重新組合，晶體又開始形成。這種變質的一個常見例子是麵包和烘焙產品的陳舊（staling），由於存在直鏈澱粉晶體，這些產品的質地將變得粗糙。

食物中的蛋白質要經過蛋白質水解（protein hydrolysis）為多肽（peptides）和胺基酸（amino acids）後，才能被人體吸收，這過程一般通過酶促活性（enzymatic activity）來催化，被稱為蛋白質降解酶作用。例如，牛奶中一種被稱為纖溶酶（plasmin）的蛋白酶（protease）可在巴士德消毒法的溫度下倖存下來，並導致牛奶中的乳蛋白降解，從而導致凝結（coagulation）和膠凝（gelation）。蛋白酶還能通過分解肉類蛋白質而導致肉類變軟發霉。肉類一旦氧化會導致肌紅蛋白（myoglobin）和氧合肌紅蛋白

---

4 糊化即將澱粉與水混合，然後加熱至一定溫度後，澱粉粒吸水及膨脹，形成黏稠均勻的糊狀溶液。

（oxymyoglobin）被轉化為正鐵肌紅蛋白（metmyoglobin），失去肉
紅色而變成棕色。

　　碳水化合物的褐變反應有兩類，若碳水化合物不含蛋白質（胺
基酸），其褐變反應稱為焦糖化（caramelization），因其變化源自
當中的糖受熱令分子瓦解，食物顏色變深。若食物涉及蛋白質（胺
基酸）和還原糖（碳水化合物），則為非酶褐變（non-enzymatic
browning），也稱為美拉德褐變（Maillard browning）。該反應通過
幾個步驟將蛋白質和還原糖聯合起來，這些步驟最終導致揮發物和
深色色素的形成。它還會導致質地變化和營養價值下降，特別是一
種人體必需胺基酸——賴胺酸（lysine）的損失。

• 水解反應

　　水解即物質遇水引起分解的化學反應。水解反應（hydrolytic
reactions）是食物變質的另一個原因，日常例子包括蔬菜組織的軟
化。其中幾種酶在這些反應中起著重要作用，例如聚半乳糖醛酶
（polygalacturonase）和果膠裂解酶（pectin lyase）會分解果膠，
導致蔬菜變軟。果膠就像將單個植物細胞結合在一起的水泥，使水
果和蔬菜具有堅實的質地，一旦被水解，水果和蔬菜的堅硬質地的
完整性就會受到損害並變軟。

• 光

導致質量下降的另一類重要化學反應是受到光的影響，這取決於波長、曝光時間、光的強度、溫度和可用於化學反應的氧氣。例如暴露在陽光下的新鮮牛奶會產生異味，而牛油在日光燈旁邊會先融化，然後加速酸敗反應。同樣，維生素和食物色素也對光十分敏感。

微生物腐敗

微生物是食物變質（包括發酵食物）的主要原因，致病微生物會導致食源性疾病（foodborne illness），甚至導致進食者死亡。食品中存在的水分會促進腐敗菌和致病微生物的生長。食品中微生物的存在取決於多種內在因素，例如水分、酸鹼值（pH 值）、總酸度、防腐劑和營養素，以及一些外在因素，例如儲存過程中的加工方法和條件，包括溫度、濕度和氣體成分。易腐食品的保質期受細菌、真菌等影響，當中包括霉菌（mold）和酵母菌（yeast）等，另外病毒和寄生蟲的存在，以及其生長亦是當中關鍵。

其中幾種微生物是食物變質的指標，例如：假單胞菌屬（*Pseudomonas spp.*）引起肉類上可見的黏液、乳酸菌在啤酒中引起混濁、霉菌在麵包上導致發霉等。腐敗微生物對食物成分（例如碳水化合物、蛋白質或脂肪）的酶促活性，可能會改變食物的結構特性，例如令水果產生軟腐病（soft rot）。而在微生物發酵過程中，碳水化合物分解，導致氣體產生（如二氧化碳和氫氣），並

形成乳酸、乙醇、乙酸。例如每當以乳酪鏈球菌（*Streptococcus cremoris*）發酵牛奶，或是以乳桿菌屬（*Lactobacillus spp.*）發酵香腸，也有味道和顏色的變化。還有葡萄酒的醋桿菌屬（*Acetobacter spp.*）會氧化乙醇，導致葡萄酒的酸化；枯草芽孢桿菌（*Bacillus subtilis*）在麵包上會形成紫色斑點。

病原微生物（pathogenic microorganisms）的存在會導致進食者嚴重的健康損害或死亡。有毒微生物包括肉毒桿菌（*Clostridium botulinum*）、金黃葡萄球菌（*Staphylococcus aureus*）和蠟樣芽孢桿菌（*Bacillus cereus*），它們會引起食物中毒（food poisoning/intoxication）。例如，進食受金黃葡萄球菌污染的食物後，一般會在兩小時內出現病徵。還有一些傳染性微生物（infective microorganisms），例如沙門氏菌（*Salmonella*）可能在受污染的食物中存活或生長，或會增加其感染性，進食或接觸這些受污染的食物後，這些細菌會在人的腸道中生長，增加食物中毒的風險。

食品加工者使用多種手段來防止或減慢微生物的生長。常見的措施包括減少微生物的初始負荷（initial load），亦即微生物的總量，例如在儲存過程中使用低溫、降低水活度（water activity）[5]、降低pH 值、使用防腐劑和適當包裝等。

食物變質的條件之一是食物中必須存在微生物。食物供應鏈中任何位置的污染都可能導致微生物進入食物。一旦存在，微生物的生長就取決於有利的條件，例如適當的營養、溫度、pH 值、氧

氣和水活度。水活度是影響微生物生長的主要因素，當水活度低於
0.6 時，幾乎沒有微生物可以生長。大多數霉菌不能在低於 0.8 的
水活度生長，而大多數酵母無法在水活度低於 0.88 時生長。pH 值
接近 7.0 是大多數微生物生長的理想環境。以 ORP/Eh 值表示的氧
化還原電位 [6] 也影響細菌的生長。好氧（aerobic）的微生物需要正
Eh 值；厭氧（anaerobic）微生物需要負 Eh 值才能生長。兼性需氧
（facultative）菌則無論在正 Eh 值和負 Eh 值下也可生長。

　　二氧化碳濃度是微生物生長的另一個重要環境因素。微生物在
高濃度的二氧化碳下不易生長。當二氧化碳濃度高於 10% 時，微
生物的生長速度會減慢。微生物亦需要營養素才能生長，例如碳、
氮、水、維生素和礦物質。作為碳的來源，低分子量碳水化合物如
寡醣和單醣，與高分子量澱粉相比，低分子量碳水化合物較能增強
微生物的生長速度。細菌需要的營養最多，霉菌需要的營養最少。
在生長過程中，某些微生物會產生增強腐敗的酶，例如微生物可產
生降解蛋白質的蛋白酶。某些細菌和霉菌則可產生降解水果和蔬菜
中果膠的果膠分解酶，例如聚半乳糖醛酶、果膠酯酶或果膠裂解
酶。在富含脂肪的食物（例如肉、魚、牛奶和乳製品）中，某些微
生物會產生脂肪酶，從而引起水解酸敗。

5　水活度即食物中可供微生物利用的游離水分子的量，水活度範圍由 0 至 1。
6　氧化還原電位 (oxidation–reduction potential/redox potential) 常以 ORP 或是 Eh
　　來表示，是分辨環境屬於「好氧性」或是「壓氧性」的重要數據。氧化還原是一個化
　　學反應過程，當電子被氧化，它會轉移到另一個分子，被稱為「還原」。而電位是反
　　映電子傾向的一個相對數值，電位為正即是有一定的氧化性，電位為負則表示有一
　　定的還原性。

2.2

食物保質期越長，是否越多 防腐劑，越不健康？

此日期前最佳 vs 此日期或之前食用

食物保質期（又稱貨架期，英文為 shelf life）是指在預期的分配、儲存、零售和使用條件下，食品將保持安全和合適狀態的時間。這意味著食物要保持以下狀態：

(i)　必須保持食用安全，即避免因致病細菌的生長或在儲存過程中令食物產生毒素（細菌和真菌）而引起食物中毒；

(ii)　沒有質量下降或以任何消費者認為不可接受的方式變質；

(iii)　沒有大量損失標籤上列出的營養素。

延長食物保質期不一定要使用食品防腐劑，還有其他有效的方法，包括：

(i)　使用製冷技術減慢微生物活性和／或生化過程，通過真空、氣體或改良的氣調包裝 (modified atmosphere packaging，簡稱 MAP) 來改變當前環境；

(ii)　通過加熱，例如巴士德消毒或殺菌，消除活的微生物和使酶失活；

(iii)　減少水活度，例如濃縮、脫水。

　　但是，在某些情況下，仍然需要使用食品防腐劑來延長食品的保質期，特別是防止食物因氧化和微生物而變質。

　　此日期或之前食用（use by dates）／按日期使用，通常存在於肉類、乳製品、沙拉等即食食品上。消費者必須遵循產品上的儲存說明（通常是冷藏或冷凍）。否則，即使在使用日期之前，它們都可能已不再適合食用。「按日期使用」表明產品何時可能不再安全食用，即使它看起來或聞起來好像沒有變質。

　　此日期前最佳（best before dates）／保質期是質量而不是安全的標誌。你仍然可以在最佳食用日期之後食用食物，但其風味和質地很可能不如食用日期之前那麼好。

　　保質期通常顯示在不需要冷藏或冷凍的產品上，例如乾麵食、麵包、罐頭產品、水果、蔬菜、白米等。產品保質期的時間長度因食物而異，例如麵包的保質期通常不超過一週，而罐頭產品可以保存數年。產品儲存的方式也會延長其使用壽命，例如將食品保存在陰涼乾燥的地方，並減少產品與空氣的接觸（將其保存在原始包裝或食品袋中）。你亦可以冷藏方式延長某些食品的保存期，例如某些水果和蔬菜。

食品防腐劑分類

　　食品防腐劑分為兩大類：抗氧化劑（antioxidants）和抗菌劑（antimicrobial agents）。抗氧化劑是通過延遲氧化機制或防止食物

變質的化合物出現；抗菌劑可抑制食物的腐敗變質和病原微生物的生長。

氧化是導致食物變質的主要原因之一。氧化的產物稱為自由基，具有很高的反應性，會引起氧化性酸敗及產生異味和異味的化合物。與自由基產生反應的抗氧化劑（又稱為自由基清除劑）可以減慢氧化的速度。這些抗氧化劑包括天然存在的生育酚（維生素 E 衍生物），以及合成化合物丁基羥基茴香醚 (BHA)、二丁基羥基甲苯 (BHT) 和特丁基對苯二酚 (TBHQ)。

特定的酶可以令許多食物分子產生氧化反應，導致食品質量產生變化。例如蘋果、香蕉和薯仔等水果和蔬菜被切割或壓傷時，稱為酚酶 (phenolase) 的酶能夠催化某些分子的氧化過程，例如胺基酸的酪氨酸。這些氧化反應的產物，統稱為酶促褐變，亦稱為黑色素 (melanin)。能夠抑制酵素性氧化 (enzymatic oxidation) 的抗氧化劑有還原劑 (reducing agents)，例如抗壞血酸（維生素 C）；或是使酶失活的試劑，例如檸檬酸和亞硫酸鹽。

抗菌劑最常與其他保存技術（例如冷藏）一起使用，以抑制腐敗變質和病原微生物的生長。氯化鈉 (NaCl) 或普通鹽，可能是已知最古老的抗菌劑。有機酸，包括乙酸、苯甲酸、丙酸和山梨酸，可用於抵抗 pH 值較低的產品中的微生物。硝酸鹽和亞硝酸鹽用於抑制醃製肉製品（例如火腿和培根）中的肉毒桿菌。二氧化硫和亞硫酸鹽用於控制乾果、果汁和葡萄酒中腐敗微生物的生長。乳鏈菌

肽（nisin）和那他霉素（natamycin）是抑制微生物產生的防腐劑，
例如當應用乳鏈菌肽於凝脂奶油（clotted cream）時能夠抑制某些
細菌的生長，而那他霉素對霉菌和酵母菌具有抗菌作用的活性。

防腐劑對人體有害？

　　食品防腐劑是一種有助於維持食品的味道、質地、營養和外
觀的添加劑，例如它可以幫助水果、蔬菜和肉類保持色彩鮮艷，並
增強和保持風味；它亦可以確保食物品質的一致性，罐頭類食物如
玉米粒、罐頭湯等，只要儲存環境恰當，在最佳食用日期前食用也
是風味不變。根據美國食品和藥物管理局（FDA）的規定，某些抗
氧化劑（例如維生素 E）亦可作為防腐劑，幫助含脂肪或油脂的食
物保持其味道，並防止變酸。FDA 亦指出許多防腐劑可作為抗微
生物劑，因為它們可以防止食物因微生物變質。這些微生物包括細
菌、酵母和霉菌，因為它們有可能導致嚴重甚至威脅生命的食源性
疾病。

　　儘管防腐劑可以延長保質期，但是真的可以安全食用？對健康
也沒有任何影響？

　　現代的一些科學研究表明我們有理由需要謹慎注意防腐劑日常
的攝入劑量，例如某些防腐劑在高水平時有可能致癌，而另一些則
可能會干擾腸道健康和吸收。美國癌症協會曾指出，亞硝酸鹽（一
種用於加工肉類的防腐劑）可能具有致癌性；而亞硫酸鹽（一種葡

萄酒和啤酒中常用的防腐劑）可能會對腸道和口腔微生物組中發現的有益細菌產生負面影響。除了通常被認為是安全的天然食品防腐劑，化學合成食品防腐劑仍存在一些安全問題。

以下是一些可能有安全問題的合成防腐劑和其應用於食品最高允許含量（maximum permitted level，簡稱 MPL）的例子：

• 磷酸鈣 [341]

這種防腐劑用於增稠和穩定食物，同時有助於防止其他顆粒／粉末狀食品成分／配料結塊（anticaking）。它在烘焙材料中十分常見，例如蛋糕粉和麵粉（MPL=10,000ppm）[7]。磷酸鈣也可以在罐頭食品、麵包和果凍中找到。

患有慢性腎臟疾病的人應限制其磷酸鈣的攝入，因為他們的腎臟可能無法適當地去除磷，因此應避免食用含磷酸鈣成分的食物。

• 硝酸鹽 [251] 和亞硝酸鹽 [250]

這兩種防腐劑通常會添加到加工肉類中（硝酸鹽 MPL=200ppm；亞硝酸鹽 MPL=500ppm）。事實上，許多天然水果和蔬菜都含有硝酸鹽和亞硝酸鹽，當天然存在時，它們是安

7　ppm=parts per million，即百萬分率。1 ppm= 每一公斤含 0.001 毫克。上述例子中，即蛋糕粉和麵粉裡磷酸鈣的最高允許含量為每一公斤含 10 毫克。

全的。[8] 但當它們被添加到加工肉類（processed meat products）中，例如培根、香腸、肉丸之類，則是合成的防腐劑，用以增加顏色並延長貨架期。在肉類中添加硝酸鹽難免會有健康隱患，因為這種防腐劑可能會導致致癌化學物質形成。烹調含有防腐劑的食物的方法也引起關注，因為食物在高溫（120℃或以上）下烹飪，所含的硝酸鹽 [251] 和亞硝酸鹽 [250] 會與蛋白質的胺基酸結合產生亞硝胺（一種致癌物）[9]。因此，在高溫烤箱或明火上煮熟的培根，或在烤架上燒的熱狗腸都可能會使人攝入致癌物。但是因為維生素C可以阻礙亞硝酸鹽與胺基酸的結合，所以在含亞硝酸鹽的食物中添加維生素C能降低亞硝胺的含量，因此現在美國農業部（United States Department of Agriculture，簡稱USDA）正要求廠商要跟從這個做法。

• 苯甲酸 [210]

苯甲酸是最古老和使用最廣泛的防腐劑，不難在一些水果和香料中找到它。苯甲酸 [210]（benzoic acid）和苯甲酸鈉 [211]（sodium benzoate）歸為一類，因為它們在某些情況下可以互換。由於苯甲酸不太易溶於水，因此通常使用人造的苯甲酸鈉。苯甲

---

8 水果和蔬菜天然存在硝酸鹽和亞硝酸鹽，沒有食用安全問題，但經過醃製的蔬菜，例如泡菜，發酵過程會產生胺基酸，進食後，在胃酸的影響下會產生化學變化，亞硝酸鹽和硝酸鹽和胺基酸發生反應而形成亞硝胺，被認為有可能增加癌症風險。

9 即使沒有以高溫烹煮的加工肉類，同樣也有致癌風險。跟泡菜在進食後於體內產生的化學反應一樣，亞硝酸鹽和硝酸鹽會在胃酸的影響下形成亞硝胺。

酸和苯甲酸鈉用於保存酸性食品，例如果汁（MPL=800 ppm）和泡菜（MPL=1,000ppm），它們有助於限制微生物的生長並增強風味。根據一項研究，苯甲酸的問題在於它可能導致飲料中含有微量的致癌物苯（benzene）。但是，FDA 測試了大多數含有這些防腐劑的飲料，發現它們大多不含可檢測到的苯；即使檢測到，其含量遠低於認為安全的十億分之五（5 ppb）限值。

● 亞硫酸鹽

亞硫酸鹽（sulfite）是一種常用的食品防腐劑，有助於防止褐變。它包含多種化學衍生物（chemical derivatives），可列為二氧化硫[220]、亞硫酸鈉[221]、亞硫酸氫鈉[222]、偏亞硫酸鈉[223]、偏亞硫酸鉀[224]和亞硫酸氫鉀[228]。由於其抗微生物的特性，有助於防止乾果（MPL=1,000ppm）腐爛。除了乾果，它還被用作果汁（MPL=50ppm）和葡萄酒（MPL=350ppm）中的防腐劑。由於其漂白的能力，二氧化硫常用於砂糖和中藥材的製作中。雖然通常認為二氧化硫是安全的，但對患有哮喘的人可能有害，估計全球多達 1% 的人口可能對二氧化硫敏感。

● 丁基羥基茴香醚 [320] 和二丁基羥基甲苯 [321]

丁基羥基茴香醚（BHA）和二丁基羥基甲苯（BHT）都是抗氧化劑，可以阻止氧化。BHA 是蠟狀物質，BHT 是粉末。兩者均獲准使用，它們被 FDA 歸類為「一般認為是安全的」（GRAS）。你會發

現 BHT 和 BHA 被廣泛應用在脂肪和油脂食品（MPL=20 ppm）、穀物（MPL=200ppm）、湯乾粉末混合物（soup powder）（MPL=200ppm）中。在急凍的薯條、穀物，或用活性乾酵母（active yeast）製成的發酵飲料中，都可發現 BHT 和 BHA。

但是，儘管 FDA 認為這些食品可以安全食用，其他機構卻有不同見解。美國國家毒理學計劃（National Toxicology Program）關於致癌物的報告中指出 BHA 被合理地認為是人類致癌物，該結論歸因於動物研究。此外，BHA 被公共利益科學中心（Center for Science in the Public Interest，簡稱 CSPI）列為可避免使用（即可以其他更安全的物質或工序代替，甚至可以不應用到某些食物當中）的添加劑。CSPI 並指出，BHT 的研究尚無定論，一些動物研究表明 BHT 導致患癌風險增加，而另一些動物研究表明 BHT 使患癌風險減少，因此建議還是避免使用 BHT。

縱使有這些警告說明，上述的各種防腐劑還是可以食用的，因為它們的使用量很少。實際上，美國國家醫學圖書館指出，某些發現對人或動物有害的添加劑仍可以在食品中使用，因為使用量僅為被判斷作有害的數量的 1/100。測試防腐劑並評估其安全性是科學家們持續不斷的探索過程，隨著我們對這領域的了解越多，發展的前景亦更大。最重要的是，食用防腐劑比冒險食用被細菌或真菌感染的食物更安全。如果你仍想避免食用防腐劑，請多吃不含人工添加劑的全天然食品或全營養食品，而少吃包裝食品。

2.3

低溫食品保存的
方法和安全問題

冷凍和冷藏保鮮食物的分別

　　食品以低溫保存的原理是降低和保持食品的溫度，使其停止或顯著降低食品中有害變化的速度。這些變化可以是微生物學的（即微生物的生長）、生理學的（例如食物中活細胞的成熟、衰老和呼吸）、生物化學的（例如褐變反應、脂質氧化和色素降解）和／或物理的（例如水分流失）。有效的低溫保存可以生產出具有長期及高質量保質期的安全食品。

　　低溫食品保存包括兩個不同的過程：冷藏（chilling/refrigeration）和冷凍（freezing）。冷藏是指施加 0℃至 8℃範圍之內的溫度，即高於食品的冰點；而冷凍所使用的溫度則遠低於冰點，通常低於 –18℃。這兩個過程之間的差異並不只在於溫度上，冷凍技術具有更強的保存效果乃源自部分水轉化為冰，因而降低了水活度。

　　通過低溫來保存食物的原理，其實就是降低分子流動性的物理化學現象，低溫可降低化學反應和生物過程的速度。與熱處理相反，低溫實際上不會破壞微生物或酶，而只會降低其活性。因此，低溫可以延緩食品變質，但與乾熱滅菌不同，冷卻製冷不是「永久保存」的方法。冷藏甚至冷凍食品都有明確的「保質期」。保質期

的長短取決於儲存溫度，只有在保持低溫的情況下，冷卻作用才存
在，因此保持可靠的「冷鏈」(cold chain)[10] 在食品的整個生產和
儲存流程中非常重要。在冷藏中，總體目標是實現「新鮮」產品所
需的保質期，不會因形成冰晶而導致質量普遍下降。冷凍可以大大
延長食品的安全儲存期，但是冰晶的形成可能會導致被認為不利於
食品質量的變化。下文將會作詳細解說。

冷藏／冰鮮食物和冷凍食物的品質保存及安全

• 冷藏食物的品質保存

為了保持冷藏食品的質量，冰箱內的濕度和氣流很重要。冷藏
食物的冰箱通常保持高濕度（90% 至 95% 用於新鮮水果和蔬菜；
95% 至 100% 用於新鮮肉類），以防止冷藏食品變乾。空氣流速是
另一個決定性因素，有必要為空氣流速找到一個合適的平均值（典
型的空氣流量在 0.005−0.15 m/s 之間），不能太快，這會增加脫
水；也不能太慢，這會影響空氣分配，從而影響製冷過程。對於某
些品種的水果，例如蘋果和梨，甚至會調整冷藏室中的空氣成分以
保持產品質量。這是通過增加空氣中二氧化碳的比例以減慢食物呼
吸和腐爛過程，從而延長儲存壽命。

---

10 冷鏈指由貨物或商品的生產、儲存、運輸及發售的整個製作與物流過程中，都將溫
度控制在特定的低溫範圍內，以達到品質控制的目標。

• 什麼食物可以冷藏保鮮？什麼食物冷藏會更快變壞？

就像之前提到，冷藏是指在 0℃至 8℃的溫度範圍內保存食物的品質。但在這不凍結的溫度或低於室溫的範圍內，一種稱為低溫傷害／冷害（chilling injury）的現象可能會發生在某些食物中，主要是熱帶和亞熱帶植物。對低溫敏感的植物暴露在低溫下會導致生理過程（如水分狀態、礦物質營養、光合作用、呼吸作用、新陳代謝）發生紊亂。一般來說屬較低溫度的 5℃至 15℃也可能對某些有冷害敏感的水果和蔬菜產生影響。低溫傷害的程序取決於具體的溫度和暴露時間。不同食物對冷害的敏感性不同，例如香蕉對寒冷非常敏感，在 12.5℃以下儲存幾天，很快就會出現寒冷症狀；而蜜瓜則需要數週後才會在 5℃下出現寒冷症狀。冷害症狀因不同食物而異，但通常包括表面變色、表面出現麻點（pitting）、果實缺乏成熟能力、加速腐爛、異味的產生等，造成食物更快變壞。此外，有時將冷藏食物從低溫儲存庫中取出並加熱後，「症狀」才會出現，這是因為和暖的溫度會加速冷害所引起的破壞的生理反應。

• 不宜放進冰箱儲存的食物

有些食物最好不要放在冰箱裡，而應該留在室溫儲藏，以保持它們的新鮮度和質量。例如香蕉需要室溫有兩個原因：溫暖的溫度有助於果實成熟，而光線和空氣亦可減緩腐爛。把香蕉放在冰箱裡會使其外皮變成棕色，因為香蕉皮中含有大量的酚類物質，以及多酚氧化酶，摩擦、碰撞、低溫均會導致細胞破損，繼而令上述物質

從表皮的細胞中釋放，聚合成為黑色素，令香蕉變黑。所以，放在冰箱裡的香蕉，表皮常常會加速變黑。

番茄也應該留在室溫儲藏，而不是冰箱，因為冷空氣會阻止它們成熟，並破壞它們的細胞膜，令原來多汁的果實變軟，外皮起皺甚至出黑點，亦會令質地改變，果肉呈粉狀。洋蔥除非被切碎，否則洋蔥也應該放在室溫儲藏以保持其質地。

將薯仔放在冰箱裡可以防止發芽，因為冷凍溫度可以抑制薯仔在室溫下可能發生的酶促和化學反應。但薯仔存放在冰箱會令其澱粉轉化為糖，使薯仔的味道和質地起變化，最後變甜和變粉；但是那些急凍 (frozen) 的未煮薯條不會有這些效果。

未成熟的牛油果很難在冰箱中完成成熟過程；相反，如果將成熟的牛油果放在冰箱裡，能阻止其繼續成熟繼而變爛，即可延長保存期。

新鮮的香草如迷迭香、百里香等易揮發香味的食材會被冰箱的抽氣效果去除香氣，並把它們弄乾。它們宜在室溫下儲藏，可以將它們放進一個玻璃杯中，莖向下並加入少許室溫水，留意要避免陽光直射。

● 最好放到冰箱儲存的食物

有些食物卻最好放在冰箱裡，而不應該留在室溫儲藏，方可以保持它們的新鮮度和質量。FDA 建議立即冷藏或冷凍易腐爛的

食物。肉類、家禽、海鮮和雞蛋在室溫下存放的時間不得超過兩小時，如果溫度高於 32℃，則不得超過一小時。例如雞蛋應冷藏以減少感染沙門氏菌的風險。某些種類的芝士，尤其是軟芝士，例如意大利乳清芝士（ricotta）需要冷藏。但陳年芝士，或經巴士德消毒的芝士，如帕馬森芝士（parmesan），可能不需要冷藏；冷藏則可延長保質期。果醬、調味品（如中式醬油、蠔油等）、沙拉醬和類似的食物通常可以在室溫儲藏直到開封使用，惟一旦打開後需要冷藏。這些食品含有豐富的營養成分，很容易令微生物生長而導致腐敗變質。在打開包裝之前，由於製造過程中的滅菌工序，它們是安全的。一旦打開包裝，保護就消失了，需要低溫才能延長其保質期。

煮食油／食用油開封後可在室溫下放置，無須冷藏，因為其中沒有水分供微生物生長，但應避免陽光直射和高溫，以免引起脂質氧化，導致異味形成。

• 冷凍食物的品質保存

對於很多食品來說，冷凍是保持食品質量最理想的保存方法。食品的營養價值、風味和顏色受冷凍過程的影響很小，甚至根本沒有受到影響。然而，也要留意冷凍的細節，採取適當的措施，否則長期冷凍儲存，或是解凍的程序都會對冷凍食品質量的各個方面帶來影響。即使處於相當低的溫度下，冷凍儲存也並非意味著沒有檢測過程，例如質感（texture）、顏色和微生物負荷測試。冷凍食品

在冷凍過程中可能會發生深刻的質量變化，或會因凍結而影響食物
的質感。

　　冷凍作為一種食品保鮮方法，其非凡的效率在很大程度上是由
於水活度（water activity）降低所致。的確，當食物被冷凍時，水
會分離成冰晶，而剩餘的非結冰的水會使食品中可溶性物質變得更
濃縮。這種「凍結濃縮」（freeze concentration）效應導致水活度
降低。另一方面，這濃縮現象可能會加快食品出現變化和反應的速
度，引起不可逆轉的變化，例如蛋白質變性，使保水能力下降，肉
的水分減少，令肉類食品的韌度增加、脂質加速氧化，以及出現一
般的氧化變化（例如某些維生素和色素的流失），並破壞食品乳液
和凝膠的膠體結構。不過因為冷凍食品的反應速度通常較慢，所以
預期的保存期限以及因冷凍而發生反應所需的時間較長。

● 什麼是冷凍燒傷？

　　在儲存過程中，保持在低於冰點溫度的冷凍食品，其儲存溫
度的波動（例如打開和關閉冰格）會引起食物表面冰晶直接昇華
（sublimation）成水蒸氣，從而導致食物變乾，這現象被稱為冷凍
燒傷（freezer burn）。冷凍燒傷是冷凍食品流失水分的術語。當長
時間留在冰格中的冷凍食品因儲存溫度的波動而失去水分並開始變
色或皺縮時，正正就是因為出現了這個現象。冷凍食品表面還可能
被冰晶覆蓋。當你將這些看來「無乜色水又有點乾噌噌」的冰凍食
材解凍時，你會發現它們的質地看起來很硬，其味道也可能會變得

平淡。這現象特別常見於生肉製品中。當肉被冷凍燒傷時,它會失去表面的水分並呈現灰色、棕色或灰棕色。受冷凍灼傷的肉類和其他食物可能會出現顆粒狀質地或看起來又乾又硬,而且會產生奇怪的味道,這是因為肉中的脂肪和色素少了原有水分的保護而與空氣接觸,產生氧化反應而導致異味和顏色變化。

雪糕這一類只能在冷凍環境下保存的食物,也有可能出現凍燒情況,冰晶會破壞食物組織與質地,例如令奶油質地有變,影響原有風味。另外,無論是含水量高的蔬果,還是含水量較低的煮熟米飯、意大利麵等澱粉類食物,又或是麵包或蛋糕等烘焙食品,同樣有可能經歷凍燒,例如蔬果會起皺變軟,麵包會縮小變乾等,雖然未必會「食壞人」,但肯定會影響風味。

最有效減少凍燒情況出現的方法,是盡量減少食物與空氣的接觸。這可以透過使用專門的冷凍室容器做到,因為它們往往外層更厚、更耐用,且更密封。收納冷凍食品的最佳材料包括塑料容器、玻璃容器,形態方面則為廣口瓶、冷凍袋等。廣口瓶非常適合液體食品,袋和容器是固體的理想選擇。保鮮膜、蠟紙和鋁箔只能與可用於冰格的適當容器或袋子一起使用。有些容器和袋子並不適宜冷凍使用,例如避免使用塑料外賣容器,因它們在冰格中的低溫下會變脆,很容易破裂或破碎。即使不是外賣盒子,也應看看塑膠盒子上有沒有「雪花」符號,或是有「零下20℃」之類的標示。

保持食物遠離空氣的另一種方法是將食物雙層包裝以提供額外的保護,這對於將要長期保存的食品尤其重要。將食物存放在冷凍

袋中時，重要的是在冷凍食物之前，將食物中的所有空氣推出或吸出。最後，保持食品冷凍時間盡可能短。通常，你可以將食物冷凍9個月左右。在那之後，無論密封的程度有多高，食物都極有可能出現凍燒的情況。因此標籤冷凍食物的日期是一個很好的做法，這樣你就知道何時應該將食物從冰格中取出，或是先食用冷凍時間較久的食材。

吃冷凍燒傷的食物安全嗎？答案是肯定的。FDA指出，凍燒現象對肉類食品的衛生安全是沒有影響的。冷凍燒傷只是空氣與食物接觸的結果，雖然它可能使賣相看起來不怎麼開胃，但通常可以安全食用。但是，由於冷凍燒傷通常會影響食物的風味和質地，以及產生色澤改變，因此無論是味道、口感和觀感一般都會大打折扣。

● 溫度波動令大冰晶上再結晶

還值得一提的是冷凍速度會影響冰晶的大小，繼而影響冷凍食品的質量。快速冷凍的食品會產生較小的晶體；緩慢冷凍的食品則會產生比較大的晶體。緩慢冷凍產生的大晶體具有尖銳邊緣，可能會破壞食物細胞壁，導致受緩慢冷凍的食物的質地變差。例如緩慢冷凍導致肉和魚有較大量的滴水（drip），滴水是指因緩慢冷凍而導致的大冰晶損壞了肌肉細胞之後，細胞的內容物從破碎細胞當中釋放出來的現象。與緩慢冷凍相反，快速冷凍對特別易碎的水果（例如草莓）的質地造成的損害較小。大晶體的形成比小冰晶對植物細胞壁造成的負面影響較大。而含糖量亦會左右冰點，含有一定糖分

的水果，便會因其含糖量使冰點下降，稱為「冰點降低」（freezing point depression），例如含糖量低的生菜會在 –0.2℃下結冰，而含糖量非常高的李子（plum）會在 –1.7℃或更低的溫度下才結冰。緩慢冷凍造成的大部分損害是由於大冰晶的形成和產品解凍後細胞完整性受破壞造成的，導致經常出現外觀浸水、質地糊狀，以及受損區域完全塌陷和破裂的情況。

冷凍食品的儲存過程中，另一種因溫度受到波動變化引起的現象是重結晶（recrystallization）。因為小冰晶的熔點比大冰晶的熔點低，因此，如果儲存溫度波動，小冰晶可能會融化，然後在大冰晶上凝固，產生重結晶，導致冷凍食品中的冰晶尺寸增大。重結晶的情況不時在雪糕儲存期間觀察得到，冰晶隨著時間的流逝，令雪糕質地變成粗粒狀，失去奶油狀的潤滑質感。

補救的措施是在儲存過程中盡可能避免溫度波動。以下是冷凍食品儲存的一些提示：

(i) **冷凍前先冷卻食物**：有很多因素會導致冰格溫度波動，包括放入溫熱或室溫食物。如果將熱的食物放在冰格中，會令周圍的溫度升高，這會導致附近食物的水分蒸發和流失。

(ii) **逐少冷凍食物**：在冰格中一次過放入過多解凍的食物會令溫度上升，並且引起周圍食物中的水分流失而導致冷凍燒傷。

(iii) **盡可能少開冰格門**：每次打開冰格門時，冷空氣就會湧出，並被室內的熱空氣取代。這不僅浪費能量，因為冷凍機必須更努力地工作才能再次使溫度恢復正常，而且還會導致食品中的水分蒸發和流失。

(iv) **保持氣流充足**：不要將冰格完全塞滿，要在食物的上下方預留空間，以便空氣能夠均勻地流通。最理想是在冰格頂部預留約 10 厘米的頂部空間，在底部亦預留大約相同的空間。

● 解凍冷凍食品和重新冷凍已解凍的食品

解凍（thawing）是將冷凍產品從冷凍狀態轉變為沒有殘留冰（即「除霜」，defrosting）的溫度（通常高於 0℃）的過程。除霜純粹指冷凍食品由凍結狀態改變為非凍結狀態，而解凍則意味著通過放置產品於溫暖環境中的「加熱」過程，去掉冷凍對食物質地的影響（如硬度），以便即時食用或準備烹調食用。當食物變回室溫時，它容易受到細菌生長的影響，因此應預算何時需要烹調或進食而適時解凍不同的食物，解凍過程亦可能需要用不同的方法。例如，應該在冰箱（0℃–4℃）中解凍冷凍的肉、魚、水果、生麵團、已煮熟的食物，以限制在較溫暖的環境中解凍食品時會滋生的有害細菌數量。解凍過程中，可在需要解凍的食品下放置一個容器，以盛載因融化而釋放的水分或汁液，避免這些液體外瀉，從而降低其接觸其他物件所引起細菌污染的風險；其他食品，例如麵

包、蛋糕、餅乾和糕點，可以在室溫下用包裝紙覆蓋來進行解凍，盡可能避免食物暴露在可能導致污染的露天環境中。

簡單而言，坊間有四種常用的解凍方法，例如：

(i) 從冰格放到冰箱慢慢降溫；
(ii) 用流動的自來水解凍；
(iii) 使用微波爐；以及
(iv) 放置在室溫下。

科學理論上，方法 (i)、(ii) 和 (iii) 較理想並且安全。至於哪種方法更合適，視乎解凍的冷凍食物種類而定。例如是冷凍肉類，應在冰箱中緩慢解凍，或用塑料袋包裹後在流水中解凍，這樣最能保持肉質；不建議用微波爐解凍，這會使肉質變硬。

一些包裝食物常說不用解凍，可直接以微波爐、烤箱、氣炸鍋和熱風烤箱等直接加熱食用。通常，烹飪過程需要較低的溫度來解凍食物，然後需要較高的溫度和較長時間才能將其煮熟。若是未經煮熟的冷凍食品，如生的肉類和魚類，在仍處於冷凍狀態或部分冷凍狀態下直接烹煮，食物的外層（尤其是肉類）雖然可以煮熟，但中心部分可能並未熟透，這意味著它可能含有有害細菌。特別是那些大塊的肉類，不應該在冷凍的狀態下直接烹飪，因為在烹飪過程中它不太可能達到其基本的核心溫度（core temperature，即是食物的中心溫度），若核心溫度低於 75℃，會增加有害細菌污染肉類的風險，有可能引致食物中毒。

解凍任何食物後，最好即日烹煮，尤其是先冷藏然後冷凍的食物，例如冰鮮肉類。

如在解凍期間重新冷凍食物，這可能會出現食安問題。要安全地重新冷凍已解凍的食物，需要確定受解凍的食物未達到高於 4℃ 的溫度。如果食物已在冷水或室溫下解凍，則很有可能那解凍了的表層已加熱到 4℃ 以上，因此為了安全起見，避免細菌滋生，請勿重新冷凍已解凍的食物。

• 冰鮮肉和急凍肉的品質比較

肉質（meat texture）是我們對食用質量的最重要考慮，影響消費者的接受度和價格。肉的韌度是由蛋白質、脂肪、結締組織等不同成分形成的超微結構，以及這些成分的數量和質量決定的。儲存條件是影響肉質重要的因素之一，而溫度是影響肉類儲存的最重要因素。

冰鮮肉因是從低溫的環境下（0℃ –4℃）屠宰，迅速冷卻排酸（rapid acid discharge，即將肉類中的乳酸在冷藏條件下屠宰後轉化為二氧化碳、水和乙醇）到運輸等過程一直控制在 0℃ –4℃ 的環境下，此舉可減少空氣、溫度、水分對肉質的影響，減緩肉質腐敗，保持多汁味美，柔軟而富彈性。而且低溫冷藏有效抑制微生物生長，因此更為安全、衛生，也更能保留原來味道。一般來說，冰鮮肉在冷藏過程中，在儲存的最初幾天肉質變化發生得很快，之後

則是逐漸且相對較小的變化。在冷藏溫度下長時間儲存可能有利於某些肉類，例如令牛肉增加嫩度，因肉類中的酶在冷藏過程中會使部分蛋白質分解，令肉類變得柔軟。

急凍肉是在屠宰之後先將肉放入 −28℃的冷庫中冷卻，使其中心溫度不高於 −15℃，然後在 −18℃的環境下儲存。急凍肉的肉質變化取決於冷凍速度和冷凍儲存條件，包括持續時間、溫度波動、有否暴露在光線和空氣中，以及解凍速度。這些特性與冰晶的大小、形態和數量有關，如果它們的數量較多、形態較大和不規則，則會導致更多的組織損傷。較大的晶體是因為較慢的冷凍速度和頻繁的冷凍儲存溫度波動而產生。大量冰晶的形成會破壞肉類中的細胞，肌肉纖維組織結構因此遭到破損，及後急凍肉解凍時組織細胞中的液體釋出，水分流失，肉質因而失去彈性；解凍後由於肌肉細胞被大冰晶破壞，肌肉組織變得鬆軟，卻會失去彈性和肉汁，導致風味明顯下降。

● 鮮肉一定比冰鮮肉好？

不少人都認定鮮肉比冰鮮肉優勝，真的嗎？事實上，冰鮮肉比鮮肉在口感上可能會更加有彈性，因為屠房一般在凌晨時分進行宰殺工序，新鮮肉不會經過任何降溫處理，肉溫沒有完全散失掉，尚未經歷冷卻排酸，因此烹調後吃起來的口感會較堅韌，彈性較低。此外，鮮肉在整個運輸過程中亦存有風險，在不受控的溫度控制環境下，新鮮肉類的溫度過高時難以避免細菌生長，且會容易

腐敗。因此在品質安全的考慮下，不建議作長時間儲存。至於冰鮮
肉，在低溫冷藏過程中其蛋白質會部分分解並使肉質變得柔軟，因
此冰鮮肉質素不一定比鮮肉差。

• 急凍肉如何去除「雪味」？

不少人在處理急凍肉時，會加入酒或薑以去除「雪味」，除了
用佐料去味外，我們亦可以將急凍肉浸在濃度較高的鹽水中，鹽有
助於快速解凍外，鹽的味道亦可滲透其中以去除異味，也能令肉質
變得更有彈性。當肉浸入鹽和水的溶液中，它改變了肉的物理性
質，鹽水中的鹽離子會使肉中的蛋白質變性，從而增加其水溶性，
提高肉的蛋白質的保水能力，使細胞保持更多的水分。

• 食用「隔夜菜」是否安全？

不少人常討論「隔夜菜」會否致癌，尤其是指已煮熟的蔬菜
類，當中的關鍵是蔬菜中的硝酸鹽及亞硝酸鹽，它們究竟對健康有
沒有影響？

事實上，未經烹煮的不同蔬菜都含有硝酸鹽，葉菜類作物（例
如椰菜、生菜和菠菜）的硝酸鹽濃度相對較高，而根莖類和豆類
（例如薯仔、紅蘿蔔、豌豆和其他豆類）的硝酸鹽濃度則相對較
低。據研究顯示，不同國家的蔬菜的硝酸鹽濃度都非常高（每公斤
>2,500 毫克），其中葉菜類（例如娃娃菜、豆苗、菜心、油麥菜、

白菜、菠菜)的硝酸鹽最高,可以達到平均值每公斤 2,100 毫克水平,而其他類別的硝酸鹽含量較低,平均含量每公斤少於 1,000 毫克,當中以豆類和菇類的含量最少。

為了減少蔬菜的硝酸鹽含量,可透過清洗和削皮減少蔬菜中已存在的硝酸鹽,例如去除生菜和菠菜的莖和中脈、將薯仔和紅菜頭去皮都可降低硝酸鹽含量。由於硝酸鹽可溶於水,故將蔬菜在水中烹飪或「氽水」後可降低硝酸鹽含量。

那麼,硝酸鹽究竟對人體有害嗎?硝酸鹽本身是不含毒性的,但當它代謝為亞硝酸鹽後,卻會對健康帶來影響。根據食物安全中心報告指出,人體若攝取大量亞硝酸鹽,有可能會引起急性中毒,甚至出現「正鐵血紅蛋白血症」(又稱「高鐵血紅蛋白血症」或「藍嬰綜合症」,英文名稱為 methaemoglobinaemia/methemoglobinemia),嬰幼兒、孕婦及長者較易患上此症。患者會因血紅蛋白不能把氧氣帶到各身體組織,令皮膚和嘴唇出現發紫情況。

亞硝酸鹽的產生,這關係到硝酸鹽還原細菌(nitrate-reducing bacteria)。以蔬菜為例,若處理及儲存不當,蔬菜中天然含有、相對無毒的硝酸鹽會在硝酸鹽還原細菌的協助下,轉化成毒性較高的亞硝酸鹽。

肉葡萄球菌(*Staphylococcus carnosus*)是一種常見的硝酸鹽還原細菌。由於細菌污染和內源性硝酸鹽還原酶作用,蔬菜中的亞

硝酸鹽濃度會增加，例如製成果泥（pureeing）會釋放內源性硝酸鹽還原酶，增加蔬菜中的亞硝酸鹽濃度。

另一方面，當硝酸鹽和亞硝酸鹽從飲食來源進入體內後，會與胺和醯胺反應形成 N- 亞硝基化合物（N-nitroso compounds，簡稱 NOC），已知這些化合物會導致動物癌症，也有可能導致人類癌症。

世界衛生組織旗下的食品添加劑聯合專家委員會（JECFA）曾就硝酸鹽的安全性進行評估，把安全參考值〔即每日允許攝入量（ADI）〕定為每公斤體重 0 至 5 毫克（以硝酸鈉計算），或每公斤體重 0 至 3.7 毫克（以硝酸鹽離子計算）。

以下為一些蔬菜處理和儲存的建議：

(i) 冷凍保存

非即時烹煮的新鮮葉菜蔬菜，建議存放於 4℃或以下的冰箱內，冷凍環境可導致內源性硝酸鹽還原酶失活，因此能有效抑制蔬菜中亞硝酸鹽的積累。一項對台灣地區 4 種蔬菜（菠菜、雛菊、有機菠菜和有機不結球白菜）在冷藏（5±1℃）和常溫（22±1℃）環境下儲藏 7 天的硝酸鹽和亞硝酸鹽含量測定的研究顯示，在常溫下儲存期間，蔬菜中的硝酸鹽含量從第三天開始顯著下降，而亞硝酸鹽含量從第四天開始急劇增加。然而，即使冷藏儲存超過 7 天亦沒有導致蔬菜中硝酸鹽和亞硝酸鹽的含量發生變化。

至於已烹煮的食物若儲存在冰箱或冰格，取出後應立即徹底煮沸，並在沸騰後多煮至少1分鐘，以及盡快食用。留意翻熱餸菜時，食物的中心溫度必須超過75℃才足以殺死細菌，確保食物安全。

(ii) 原個保存

為了最大限度地從蔬菜中吸收營養，應盡量減少硝酸鹽和亞硝酸鹽的暴露，故不建議將蔬菜切碎或磨碎後儲存，以避免植物細胞釋出令硝酸鹽轉化為亞硝酸鹽的酶，繼而增加亞硝酸鹽的形成。3個月以下的嬰兒特別容易患正鐵血紅蛋白血症，應避免使用含有蔬菜的嬰兒食品。若需要將蔬菜切碎或磨碎後來烹煮，尤其是為嬰幼兒烹調食物時，宜盡快烹煮，而嬰兒食物如菜泥，宜即煮即食。

(iii)「即食」和「帶飯」餸菜分開盛載

除了在蔬菜中的細菌能將硝酸鹽轉化為亞硝酸鹽，人的口水亦是亞硝酸鹽的重要來源。人的唾液腺和口腔中的一些細菌，例如位於舌頭後部的口腔細菌在硝酸鹽還原酶的催化下能將硝酸鹽還原為亞硝酸鹽。

因此，如打算隔夜儲存已煮熟的蔬菜或其他肉食，應將當刻即食和隔夜儲存的食物立刻分開盛載，並將留起的部分盡快冷卻並儲存於冰箱內，令內源性硝酸鹽還原酶失活。另外，根莖類蔬菜比葉菜類含有較低硝酸鹽，較適宜成為「飯盒餸菜」之選。

　　事實上，不止蔬菜含有硝酸鹽和亞硝酸鹽；而根據歐洲食品安全局（EFSA）的研究所得結論：「整體來說，由於從蔬菜攝入硝酸鹽相信不會對健康帶來可見的風險，因此公認進食蔬菜帶來的好處應大大高於從蔬菜攝入硝酸鹽的風險。」故此，以現時的食物安全研究顯示，「隔夜蔬菜」還是可以安心食用的。

②.④

使用不同的
包裝技術保存食物

新鮮和易腐食品

肉類、家禽、魚類、水果、蔬菜等易腐食品的保質期受到各種因素的限制,導致氣味、味道、顏色和質地產生變化,直至令人完全無法接受。包裝是防止產品變質和延長保質期的主要工具。包裝可保護食品免受物理、化學和生物損害,它還可以作為對氧氣、水分、揮發性化合物和對食物有害的微生物的物理屏障。包裝必須被視為保存系統的一個組成部分,因為它在食品和外部環境之間提供了屏障。

真空(vacuum)、氣體沖洗(gas flushing)或控制包裝的滲透性(controlled permeability)是控制生化、酶促反應和微生物降解的有效技術,以避免或減少食品中可能發生的主要降解。這使在沒有傳統的保存技術(例如罐裝、冷凍、脫水和其他過程),即沒有使用溫度或化學處理的情況下保存食品的新鮮狀態。

● 氣調包裝

隨著對不添加危險化學品的新鮮和天然產品的需求不斷增加,氣調包裝(modified atmosphere packaging,簡稱 MAP)是許多

食品的理想保存方法，使用起來既簡單又便宜。MAP 是用單一氣體或氣體混合物代替包裝中的空氣，當氣體混合物被引入時，每個組分的比例是固定的。但是這個初始成分比例並不是恆定不變，會受到氣體進出產品的擴散、氣體進出包裝的滲透，以及產品和產品之間個體差異所影響，氣體成分有可能隨時間發生變化和微生物代謝。MAP 的應用於 1927 年首次被記錄，通過將蘋果儲存在減少氧氣和增加二氧化碳濃度的大氣（atmosphere）中來延長蘋果的保質期。在 1930 年代，它被用於在船艙中運輸水果。在 70 年代 MAP 開始應用於肉製品，包括燻肉、魚、切片熟肉和熟貝類。增加二氧化碳濃度可延長遠距離運輸牛肉的保質期達一倍。應用於肉類的 MAP 技術取得成功，繼而令 MAP 技術廣泛應用於新鮮或冷藏食品，包括生或熟的肉類和家禽、魚類、新鮮意大利麵、水果和蔬菜，以及咖啡、茶和烘焙產品等。冷藏溫度之外再添加上 MAP 通常會產生更有效、更安全的儲存方式和更長的保質期。

MAP 包裝物料由一種或多種聚合物製成，包括聚氯乙烯（polyvinyl chloride，簡稱 PVC）、聚對苯二甲酸乙二醇酯（polyethylene terephthalate，簡稱 PET）、聚乙烯（polyethylene，簡稱 PE）和聚丙烯（polypropylene，簡稱 PP），具體取決於最終用途所需的特性，例如是否需要耐熱、耐腐蝕，或是不易染色等。MAP 中主要使用的氣體是氧氣、氮氣和二氧化碳，這三種氣體會根據產品、製造商和消費者的需要以不同的組合使用。特定組合的選擇受微生物菌群和產品對氣體的敏感性和顏色穩定性要求所影響。

新鮮食品 MAP 的基本概念是用與空氣比例不同的大氣氣體混合物替換包裝中食品周圍的空氣。氧氣是好氧腐敗微生物（aerobic putrefying microorganisms）和包裝中食品（植物組織和生肉）所需的最重要氣體，並參與一些導致食品變質的酶促反應。因此在 MAP 下，氧氣要被排除在外，並通常將比例設置在低水平以減少食物的氧化變質，特別是在高脂肪產品中。氧氣通常會刺激好氧菌（aerobic bacteria）的生長，抑制厭氧菌（anaerobic bacteria）的生長。厭氧菌對氧氣的敏感性差異很大，例如專性厭氧菌（obligate anaerobes）、微嗜氧菌（microaerophile）和兼性厭氧菌（facultative anaerobes）對氧的耐受程度有所不同，當中專性厭氧菌僅能進行無氧呼吸，且無法在正常大氣（氧含量 21%）環境下存活。雖說在 MAP 下氧氣要被排除在外，但也有例外情況，例如是需要氧氣呼吸的水果蔬菜，以及靠氧氣來保持顏色的肉類。氧氣的主要功能之一是維持肉類中的氧合肌紅蛋白的鮮紅色。

二氧化碳既是水溶性，又是脂溶性，雖然不是殺菌劑或殺真菌劑，但它具有抑菌和抑真菌的特性。二氧化碳的抗菌活性，能有效殺滅病原微生物，其氣體狀態被吸收到產品表面形成碳酸（carbonic acid），原因是二氧化碳溶於水後，部分二氧化碳會與水化合形成碳酸。當碳酸電離（ionization）之後，就會產生氫離子和 pH 值降低的結果，這些氫離子滲透微生物膜而導致細胞內 pH 值產生變化，大大影響微生物的正常生理活動，延緩其生長或存活期。一般來說，二氧化碳適用於有可能被好氧腐敗微生物污染的食物中，例如革蘭氏陰性（Gram negative）和嗜冷菌

(psychrotrophic bacteria) 等微生物，可說效用最大。為了獲得最大的抗菌效果，產品的儲存溫度應盡可能低，因為二氧化碳的溶解度隨著溫度的升高而急劇下降，因此溫度不當會消除二氧化碳的有益作用。而高濃度二氧化碳會刺激酵母菌生殖，在其生長過程中產生更多的二氧化碳。此外，肉毒桿菌（Clostridium botulinum）因不受二氧化碳存在的影響，厭氧條件相反會促進它們的生長。

氮氣是一種惰性氣體（inert gas），由於其在水和脂質中的溶解度低，一般不會被食品吸收，亦不會產生生化學作用，因此多年來一直用作包裝的填充氣體，以防止包裝坍塌（collapse）。在 MAP 高濃度二氧化碳包裝的鮮肉，由於二氧化碳在肉組織中的溶解性會導致包裝塌陷，因此氮氣被廣泛應用於這些產品中。此外，氮氣還用於替代 MAP 產品中的氧氣，以防止酸敗和抑制好氧生物的生長。

MAP 亦廣泛應用於微加工蔬菜，以減緩切割過程中產生的不良影響；然而，MAP 會導致異味的形成（由微生物厭氧呼吸引起的代謝物所產生），而低氧氣和高二氧化碳會促進厭氧發酵和潛在病原體的生長，尤其二氧化碳存在，會刺激厭氧細菌生長，形成肉毒桿菌。因此，考慮到產品、包裝材料和儲存條件的重要參數，MAP 應謹慎應用於水果和蔬菜的包裝。例如對比未包裝的西蘭花，使用微孔 PP（全名 polypropylene，中譯聚丙烯，廣泛用於製造膠袋的材料）袋的 MAP（5% 氧氣和 10% 二氧化碳）在 5℃下能保持鮮切西蘭花的新鮮度和質量特性兩天，特別能保存葉綠素、類紅蘿蔔素和維生素 C 免於含量大幅下降，以及維持總體接受度、氣味、重量和顏色等。

• 活性包裝

活性包裝（active packaging）是一個創新概念，可以定義為一種包裝模式，藉著包裝、產品和環境相互作用以延長保質期，或增強安全性和感官特性，同時保持產品質量。活性包裝旨在有意加入某些成分，可自行釋放一些物質或吸收一些從食物或其周圍環境釋放的物質。它們與提高微加工食品（minimally processed foods）或難以加入添加劑的有機產品的安全性和長期保持營養質量尤其相關。

活性包裝是對包裝中環境的一種處理，以提高食品質量和安全性，並延長保質期。活性包裝系統分為活性清除系統（吸收器）和活性釋放系統（發射器）。活性包裝系統包括氧氣、乙烯清除劑（scavengers）、水分吸收劑（absorbers）、乙醇和二氧化碳排放器（emitters），以及抗菌劑釋放膜（antibacterial agent releasing film）等。因此活性包裝系統可視為一種可控氣調的包裝（controlled atmosphere packaging，簡稱 CAP）。

乙烯會加速衰老和軟化，增加葉綠素降解，並縮短新鮮和微加工的水果和蔬菜的保質期。水果和蔬菜可以使用乙烯清除劑和濕度調節劑來進行包裝，以提高 CAP 的有效性。乙烯清除劑系統包括在包裝中放入清除劑的小袋，其材質容許具有高度滲透性的乙烯通過小袋擴散。小袋內的反應成分通常是可氧化或滅活乙烯的高錳酸鉀（potassium permanganate）和可吸收乙烯的礦物質如沸石

(zeolite)、活性炭（active carbon）等。乙烯清除劑尤其可以延長
蘋果、奇異果、杏子、香蕉、芒果、青瓜、番茄和牛油果等水果，
以及紅蘿蔔、薯仔和蘆筍等蔬菜的保質期。

　　氧氣吸收劑用於從密封環境中去除氧氣，為長期儲存食品創
造一個以氮氣為主的環境。它們保護乾燥食品免受蟲害，防止脂
質和色素的氧化，以及維生素 A、C 和 E 等對氧氣敏感的營養素的
流失，從而避免風味受到破壞，如典型的酸敗（即不飽和脂肪酸被
氧化或水解，令食物發出難聞氣味，破壞原有味道），還有抑制顏
色、質地和營養價值發生變化，有助於保持產品質量。它們多用於
包裝在密封容器中的乾燥食品，如果乾、海味之類。氧氣吸收劑
通過化學反應發揮作用，它們含有鐵或氧化亞鐵（ferrous oxide）
粉，會與空氣中的氧氣發生反應，藉氧化來消耗環境中的氧氣，
最後導致鐵粉生鏽。包含鐵粉的氧氣吸收劑是由允許氧氣和濕氣
進入但不允許鐵粉洩漏的材料製成。然而，為了防止金屬氣味轉
移到食物，非金屬除氧劑如抗壞血酸（ascorbic acid，即平日大
眾認知的維生素 C）、亞硫酸鹽、兒茶酚（catechol）、抗壞血酸鹽
（ascorbate salts）、乙醇氧化酶（ethanol oxidase）、葡萄糖氧化酶
（glucose oxidase）等已應用到包裝中。氧氣吸收劑可以安全地放
置在食物上，亦成功地用於非呼吸性產品，例如肉類和糕點。將氧
氣吸收劑用於呼吸性產品是有風險的，因為當新鮮和微加工的水果
和蔬菜中的氧氣減少至低於容許限度時，可能會因滿足厭氧條件，
從而導致異味和厭氧微生物的生長。

二氧化碳通過降低食品包裝中的相對氧含量，以及發揮直接抗菌作用（濃度在 10% 至 80% 之間），有效地抑制了一系列好氧細菌和真菌在表面生長。因此，二氧化碳通常用作 MAP 系統中的沖洗氣體，以幫助保持新鮮度和延長保質期，特別是針對新鮮肉類、家禽、魚類和芝士等產品的包裝。同時，為防止過多二氧化碳積聚在包裝內導致食物變質，會使用可滲透二氧化碳的物料盛載吸收劑並放置在氣調包裝內，以去除過量的二氧化碳。二氧化碳吸收劑包括氫氧化鈣、活性炭和氧化鎂等。

水分調節劑／吸濕劑具有濕度控制能力，因此可以防止水分活度高和含水量高的食物（肉類、魚類、家禽，以及新鮮農產品，例如微加工的水果和蔬菜等）包裝內積聚多餘水分，有助於抑制細菌、霉菌或酵母菌的生長，以及維持產品的良好外觀。水分調節劑可以包括乾燥的山梨糖醇、木糖醇、氯化鈉、氯化鉀和氯化鈣等。

近年來，隨著消費者對微加工食品需求的增加、消費者對健康和安全的要求日益提高，以及新物流、新分銷的發展趨勢（如互聯網購物），驅使食品包裝技術不斷創新，亦將會加速智能包裝的開發。

● **智能包裝**

智能包裝（intelligent or smart packaging，簡稱 IOSP）是一種新型的交互式包裝系統，具有檢測、傳感、記錄、追溯、通訊等智能功能，以告知消費者包裝內食品的質量和安全，並警告可能

出現的問題。現時大概有兩種類型的智能包裝。第一種是基於測量包裝外面的狀況，例如時間—溫度指示器（Time-Temperature Indicator，簡稱 TTI）；第二種依賴於測量包裝內產品的質量，如氣體指示器、新鮮度指示器和生物傳感器。此外，活性包裝的主要效能是延長產品保質期，這有助於減少食物浪費這個全球環保問題。TTI 等智能包裝設備可以提供 MAP 包裝產品在儲存和運輸過程中的溫度歷史紀錄。

　　TTI 放置在包裝外，可以定義為與時間和溫度變動相關，並以不可逆轉的顏色變化來顯示監測結果的小型測量設備。TTI 還可用作新鮮度指標，以估計易腐爛產品的剩餘保質期。MAP 應用程序可以與智能包裝指示器（例如氣體指示器或傳感器）結合以監測氣體成分的變化。大多數指示器的運行是基於化學或酶促反應引起的顏色變化原理。這些指示器與氣體接觸，根據包裝中的氣體變化而運作。氣體指示器，尤其是氧氣和二氧化碳指示劑，可用於 MAP 應用。

TTI 示範例子

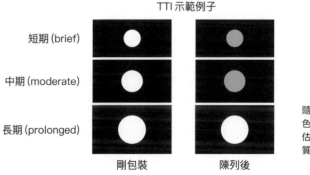

短期 (brief)

中期 (moderate)

長期 (prolonged)

剛包裝　　　陳列後

隨著存放時間而變色，以便消費者評估新鮮度和剩餘保質期。

111

氣體指示器的另一個效用是確定包裝有否密封或洩漏。洩漏不但會導致內部成分發生變化，還會導致環境中的微生物污染。氧氣指示器可用於確定氣調包裝的不當密封和質量劣化，二氧化碳指示器則用於監測 MAP 系統中的二氧化碳水平。氣調包裝食品可通過測量一些在食品變質過程中形成的特定副產品，作為新鮮度的指標，例如是針對食品老化過程中產生的二氧化碳、丁二酮 (diacetyl)、胺 (amines)、氨 (ammonia)、硫化氫 (hydrogen sulfide) 等揮發性化合物的檢測，來顯示不當密封引起的質量劣化。

現今最新概念是將新的包裝技術，如活性和智能包裝與 MAP 相結合，以監測包裝產品的氣體變化、儲存溫度和質量，並在整個儲存期間保持初始氣體水平。以附帶在包裝上的標籤形式或印刷在包裝薄膜上的指示器或傳感器可以監測氣體成分、儲存溫度和產品質量的變化。

● 綠色包裝

消費者對可持續性的關注和承諾，將導致包裝趨向於發展為結合智能技術的新解決方案，從而在整個食品供應鏈中保證食品安全、包裝可堆肥性（避免環境成本）和零廢物生產，以實現可持續或綠色包裝 (sustainable or green packaging，簡稱 SOGP)。事實上，毫無疑問，所有類型的食品包裝都會隨著其生命週期的不同而對環境產生影響，這尤其取決於包裝原材料的生產和加工方式，

以及包裝的生命週期結束階段，其中可能包括回收、焚燒或堆填處
理。SOGP 已成為研究人員關注的焦點，旨在最大限度地減少整個
產品包裝鏈對環境的影響，並提高食品包裝系統的環境可持續性。

　　SOGP 可以在三個層面上實現。首先，在原材料層面，使用
再生材料和可再生資源來減少二氧化碳排放和對化石資源的依
賴。其次，在生產工藝層面，SOGP 採用更輕、更薄的包裝，採
用相對節能的工藝生產。第三，在廢物管理層面，可生物降解
(biodegradable) 和／或可堆肥的食品包裝的再利用或回收可有
助於緩解城市固體廢物的問題。迄今為止，食品包裝中使用了多
種可生物降解的生物聚合物，包括聚羥基烷酸酯 (PHA)、聚乳酸
(PLA)、玉米醇溶蛋白、大豆分離蛋白、澱粉、纖維素、麩質、乳
清分離蛋白和殼聚醣。然而，幾個主要限制妨礙了生物塑料在食品
包裝材料中的應用，包括與傳統塑料相比成本高、脆性、熱不穩
定性 (thermal instability)、熔體強度 (melt strength) 低、熱封性
(heat sealing) 困難、高水蒸氣、高透氧性、加工性差、抗衝擊性
差等。為了提高生物塑料的性能（尤其是它們對氣體和水的阻隔能
力），有關專家和技術人員已經研究了不同的策略和技術，例如塗
覆生物基薄膜 (bio-based coating)、摻入納米顆粒或生物聚合物
纖維素，以及通過化學或物理方法修改它們的屬性。

　　SOGP 中的另一個重要問題是減少封裝，這有兩個含義，首
先，在不影響包裝產品外觀的前提下，藉著減少包裝材料的使用量
來避免過度包裝；其次，在不影響產品保質期標準的情況下，減少

包裝的重量和厚度。避免過度包裝可以提高環境可持續性，並降低產品加工成本，從而降低產品價格。

特長保存期包裝食品

● 真空密封包裝

這一種設計是用於在真空中保存固體或液體食品的程序，根據不同產品而有不同的保存期限。事實上，所有食品都會變質到無法食用的程度。這種惡化可能是由微生物引起的，其中大部分需要氧氣來呼吸和發育。如果氧氣量減少，它們的生長就會減慢。真空包裝減少了空氣量，因此氧氣量亦按比例減少，這大大降低了由於氧化，以及在空氣或氧氣存在下產生的好氧細菌的增殖，而導致產品變質的風險。然而，真空會促進厭氧細菌如肉毒桿菌生長，它能夠在 3℃ 或以上的溫度下生長並產生有害的肉毒桿菌毒素 (botulinum toxin)。因此使用冷凍抑制厭氧菌生長是真空保存食物過程中必不可少的環節。真空密封食品增加了一層對外部來源的保護。此方法亦可防止食物脫水，並避免冷凍燒傷的風險。通過密封包裝去除空氣，食物的味道、質地和水分將得以保留。此外，真空密封將有助於保持食物的營養價值。與許多其他保存技術不同，真空密封包裝不需要使用有害化學物質或其他添加劑。

真空密封食物的確切保存時間取決於存放在冰箱還是冰格中。真空密封的冷凍食品平均保質期為 2 至 3 年，而以其他方式儲存的

平均保質期為 6 至 12 個月。真空密封大大延長了許多不同種類食物的壽命，無論是芝士、肉類，甚至湯品。例如，使用傳統方法，未抽真空的冷凍肉類通常只可以在冰格中保存約 6 個月；真空密封的冷凍肉則可在冰格中保存 2 至 3 年。真空密封芝士可冷藏保存達 4 至 8 個月，而使用其他標準方法儲存的芝士的保存期則只有 1 至 2 週。

大多數食物都可以真空密封以延長其整體壽命，包括麵包、肉類、薯仔、大部分蔬果。但草莓、芒果、番茄等質地柔軟易受擠壓的水果和蔬菜則不適合真空包裝。不應真空密封的還包括一些含有厭氧菌的食物，例如生蘑菇、大蒜、軟芝士（如藍芝士、乳清芝士和其他未經高溫消毒的軟芝士），這些食物中的厭氧菌可以在沒有空氣的情況下生長，並可能對健康構成威脅。此外，許多常見的十字花科蔬菜如菜心、白菜、西蘭花、椰菜花、羽衣甘藍和蘿蔔在儲存時會釋放氣體，如果這些蔬菜被保存在真空密封袋中，那氣體會導致它們變質。為了妥善儲存這些蔬菜，應先將它們汆水、乾燥，然後真空密封並冷凍儲存。

• 罐頭包裝

罐頭食品經過消毒，然後保存在密封環境中，因此不會滋生細菌。如果空氣洩漏到罐頭食品中，例如包裝破裂，則可能會受到污染。肉毒桿菌中毒（botulism）是其中一個很大的風險。肉毒桿菌中毒是由肉毒桿菌引起的，它會釋放毒素，導致進食者身體癱瘓或

死亡。在以前的年代，由於家庭罐頭的包裝做法不合規，罐頭和被包裝的食物都沒有經過徹底消毒，肉毒桿菌中毒相當普遍。若食物放進罐頭之前沒有把細菌殺死，它們會在罐頭內繁殖。雖然我們無法以肉眼看到罐頭食品中有否肉毒桿菌，然而，還是有其他跡象可顯示罐中食物是否已變質，例如：

(i) **罐頭表面特徵：**罐子的側面或其蓋子鼓起來（因為細菌呼吸 / 代謝產生氣體，例如二氧化碳）、罐頭被撞凹導致真空密封破裂（空氣中的微生物沿裂縫進入罐頭裡，會令食物受污染）、罐子生鏽或腐蝕、罐子洩漏食物。

(ii) **內部形態及氣味：**罐內液體有小氣泡、有難聞的氣味、食物變得糊狀、液體混濁，或開罐後食物噴出。

對於罐頭食品，保質期與食品是否安全食用無關，但保質期與新鮮度和味道有關。根據美國農業部的說法，高酸性罐頭食品（番茄、柑橘類水果等）可保持新鮮 12 至 18 個月，而低酸性罐頭食品（肉類、大多數蔬菜等）可保持新鮮 2 至 5 年。同樣，在這段時間之後，你仍然可以進食那些罐頭食品，它們的味道可能不如裝罐時那麼新鮮，並且可能會失去一些維生素，但它們仍然可以安全食用。

罐頭食品及其質量的保存時間是有限度的，以下有幾個因素限制了罐頭食品的保質期：

(i) **罐子的金屬蓋生鏽：** 當鏽蝕足夠深時，罐頭或蓋子上會
出現小孔，令微生物進入而導致食品變質。一般是因運
輸事故令罐頭凹陷或破損，若罐子出現鏽蝕，會更易接
觸到食物而導致變質。

(ii) **腐蝕現象：** 食物會與金屬容器發生化學反應，尤其是番
茄罐頭和果汁等高酸性食物。罐頭存放幾年後，有可能
導致味道和質地發生變化，最終會降低食物的營養價值。

(iii) **溫度超過 37℃：** 隨著儲存溫度升高，腐敗風險急劇上
升。長期在 30℃ 以上的環境下存放，會增加罐頭食品中
的營養損失速度。光亦會導致玻璃罐裝食品的顏色變化
和營養損失。

以下是儲存罐頭食品的一些安全建議：

(i) **儲存在涼爽、乾淨、乾燥的地方：** 涼爽指溫度低於 30℃
（10℃ 至 2℃ 之間是最理想的），但要注意並不是冷凍溫
度。冷凍罐頭食品不會導致變質，除非罐子經打開並受
到污染。但是，冷凍和解凍可能會使食物變軟。

(ii) **輪換食物：** 盡量不要將罐頭食品保存超過 1 年。儲備食
物時，養成習慣把較快到期的食品放在最前或最易拿到
的位置。

(iii) 建議食用期：若包裝上只有包裝日期，而沒有標明「此日期前最佳」或「此日期或之前食用」，則建議在包裝上註明的包裝日期後 3 年內食用罐裝肉類、海鮮、蔬菜，以及湯等低酸性罐頭食品；在包裝上註明的包裝日期後的 2 年內食用水果、泡菜和番茄等高酸性食物；罐裝果汁存放最多 1 年。

如果罐頭沒有變質或損壞的跡象，即使「此日期或之前食用」的期限已過，食物仍可以安全食用，但食物的顏色、風味和營養價值可能會變差。結論是，真空包裝和罐頭食品都可以大大延長食品的保質期，前提是能否應用適當的儲存條件，以及消費者能否接受食品在一定程度上損失感官和營養品質。

另外，大家也可留意一下包裝食品或罐頭上有否「BPA–Free」等字眼，曾經市面上大多數的罐頭食品都以 BPA（全名 Bisphenol A，亦稱雙酚 A）作為內層塗料，以阻止氧氣及微生物入侵，亦有效防蝕。然而有指其對健康有害，例如影響神經系統等。所以建議大家盡可能挑選印有「BPA–Free」或「Non–BPA lining」等字眼的包裝食品或罐頭。同時，不要將罐頭直接加熱或盛載熱食，因材質遇熱後會釋放更多 BPA。

● 無菌包裝 / 抗菌包裝

(i) 無菌包裝

這是在包裝期間和之後防止微生物進入包裝的過程。在無菌加工過程中，無菌包裝（aseptic packaging）內裝有商業消毒殺菌的食品，並在衛生的環境下密封。

無菌包裝是歐洲最早與世界衛生組織合作開發的一種飲料包裝系統，用於為受災人員提供牛奶和水等飲料。它於 1980 年代初引入美國。無菌包裝的產品包括牛奶、果汁、番茄、湯、豆腐、大豆飲料、葡萄酒、液態雞蛋（多用於烘焙業或餐飲業）、鮮奶油和茶等。最常見的無菌包裝是矩形形狀，稱為 Tetra Pak。

無菌包裝食品的製造過程使用超高溫處理（ultra-high temperature，簡稱 UHT）來保持食品的新鮮度（高溫只維持數秒，對食品的主要營養價值影響有限），同時防止其受到微生物的污染。無菌包裝食品，例如第一章提及的無菌牛奶，牛奶先被加熱至約 80℃，繼而被加熱到 140℃ 持續 2 秒，然後再冷卻到適合灌裝的溫度。與持續加熱至沸騰導致蒸發的過程不同，UHT 加熱至 140℃ 的時間極短，因此牛奶幾乎沒有氣化。比如無菌果汁，果汁經過超高溫處理、冷藏，然後在無菌灌裝機的無菌環境中包裝。這種先進的滅菌過程可延長產品的保質期，同時使用較少的添加劑去保存食品。即使沒有冷藏，無菌包裝也能將特定食品的保質期延

長至少 6 至 12 個月。更長的保質期使製造商和零售商有更多時間在產品過期或失去風味和健康益處之前銷售其產品。對於消費者來說，延長保質期令他們有更多時間來儲存和使用已購買的產品，即使在室溫下也是如此。先進的無菌包裝滅菌工藝可保護產品免受細菌侵害，從而允許使用更天然的成分，並減少對防腐劑的需求。無菌包裝過程可以滿足消費者對營養豐富食品不含化學物質的需求，它亦有助於保持食品的味道和整體質量。

無菌包裝一般會採用四種包裝物料：塑膠、金屬、玻璃，以及由紙、鋁箔和聚乙烯塑膠複合的材料。與金屬和玻璃相比，生產塑料的成本相對較低，因此無菌包裝中使用的大多數包裝材料，以塑料製成為主，而不是金屬或玻璃容器。

接觸產品的無菌包裝的內層是聚乙烯，即低密度聚乙烯（low density polyethylene，簡稱 LDPE），是美國食品和藥物管理局批准的食品接觸表面材料。它是包裝中唯一與食品接觸的材料，行業測試表明沒有聚乙烯滲入食品中。LDPE 比金屬或玻璃更輕、更易運輸，亦更便宜。即使用金屬如鋁作無菌包裝的容器，有時也會在鋁質物料上塗上包含聚乙烯的塗層，以防止任何金屬成分在高溫處理下因腐蝕而從鋁中洩漏到包裝食品。無菌容器為我們帶來方便，卻又會帶來環保問題，例如我們常購買的紙包飲料，由六至七層紙、鋁和低密度聚乙烯塑料薄膜組成，由於結合了幾種不容易分離的材料，相比其他物料更難回收。

不同物料的無菌包裝在運輸、成本、重量、儲存等方面各有好處，它們都是不須加添防腐劑、無須冷藏下可保持食物質量的包裝方式，不會帶來健康問題。

(ii) 抗菌包裝

抗菌包裝（antimicrobial packaging）被定義為具有生物特性的包裝材料，如抗菌塑膠、抗菌膜、抗菌紙等，其內部或表面添加抗菌劑使其與產品或內部頂部空間產生相互作用，以減少、抑制或延緩食品表面腐敗或病原微生物的生長，並能有效地防止細菌交叉感染。抗菌包裝可用於控制包裝食品中的微生物生長，鑑於消費者日漸傾向購買較少防腐劑的食品，其使用率不斷增長。抗菌包裝是在包裝中刻意加入抗菌物質，以便從包裝中釋放到包裝食品周圍的環境中。抗菌包裝是一種系統，可以殺死或抑制微生物的生長，從而延長易腐爛產品的保質期，提高包裝產品的安全性。它可以通過在包裝空間內或食品內使用抗菌包裝材料和／或抗菌劑來構建並達致有關效果。大多數食品包裝系統由食品、頂空大氣（headspace atmosphere）和包裝材料組成，這三個組件中的任何一項都可以具有抗菌元素，以提高抗菌效率。

傳統的保存方法有時亦包括抗菌包裝概念，例如醃製／鹽漬／燻肉的香腸腸衣、用於發酵的橡木桶，以及充滿鹽水的泡菜罐等。這些傳統保存方法和抗菌包裝的基本原理是障礙技術應用之一。除了提供水分和氧氣屏障，以及物理保護的常規保護功能外，包裝系

統的額外抗菌功能是防止質量下降和提高包裝食品安全性的另一個屏障。現今的抗菌包裝為包裝食品提供了額外的微生物屏障（extra microbial barrier）保護，這是傳統的防潮和隔氧包裝材料從未做到的。因此，抗菌包裝是一種活性包裝（active packaging）和跨欄／柵欄技術（hurdle technology）的應用。柵欄技術是一種有效的保鮮技術，它使用包括物理或化學參數（如 pH 值、水分活度、溫度控制、防腐劑等）的組合，可以調整這些「障礙」以確保食品的微生物穩定性和安全性。抗菌包裝系統的柵欄技術概念，如無菌食品被包裝在抗菌包裝系統中，可以提高其他滅菌過程的效率，例如無菌（aseptic）、非熱（non-thermal）和常規熱（conventional thermal）等過程。

抗菌系統可以通過使用抗菌包裝材料、抗菌插入物（如小袋）在包裝內產生抗菌大氣（atmosphere）條件，或以食品配方中的抗菌可食用食品成分（有別於在第一章介紹，被視為食品添加劑的防腐劑）來構建。該系統的實際例子包括在醃製或發酵肉類如香腸中加入抗菌劑、在包裝前噴灑山梨酸鉀的天然芝士、熟食產品的抗菌塑料薄膜（例如腸衣）、水果上的抗菌蠟塗層，以及包裝前對水果／蔬菜的抗菌清潔。

包裝材料的抗菌功能是通過直接抗菌和間接抗菌來完成。前者是指包裝材料中的抗菌劑與食品直接接觸，實現抗菌目的。後者是指在包裝材料中添加可以改變包裝內微環境（例如包裝內的空氣成分）的物質，或者利用有選擇性滲透載體（selective permeable carrier）的特殊性能去釋放抗菌劑來抑制微生物的發育繁殖。

　　抗菌包裝被認為是活性包裝和 MAP 的一個子集（subset，即類似的元素構成一個集合組，子集是其中一部分），它可以有效地將抗菌劑融入到食品包裝薄膜材料中，然後在規定的時間內將其釋出以殺死影響食品的病原微生物，從而防止微生物引起的腐敗，將保質期延長。

　　抗菌包裝屬於活性包裝的大類，通常與其他活性包裝技術結合使用以達到協同效應。例如，除抗菌包裝外，還經常使用氣調包裝和控制水分、氧氣、乙烯和二氧化碳的解決方案。抗菌包裝用於包括最低限度加工的熟食肉類和海鮮、新鮮和鬆弛（冷凍然後解凍）的水果和蔬菜、芝士和烘焙食品等。抗菌劑如細菌素（bacteriocins）、精油（essential oils）和酶會摻入塑料中，用作塑料、紙板、金屬、玻璃和多組分容器中的直接食品接觸層。

　　從未來的角度來看，形成抗生素抗藥性（antibiotic resistance）微生物菌株將成為嚴重的公共健康問題，因此對有潛力增強食品安全，並防止形成抗生素抗藥性微生物菌株的活性抗菌包裝進行安全評估是很重要的。此外，還需要對用作包裝材料的抗微生物劑進行同類型的安全評估。

　　值得注意的是，在包裝中使用抗菌劑不同於直接在食品中添加防腐劑，因為抗菌劑從包裝中擴散的速度是可以控制的。這意味著快速食用的食品接觸到的抗菌劑較少，而越接近保質期完結，食品將接觸到越多從包裝釋出的抗菌劑。

• 食物輻照保存食物

　　食品輻照（food irradiation，即將電離輻射應用於食品）是一種通過減少或消除微生物和昆蟲來提高食品安全性和延長保質期的技術。就像經巴士德消毒法的牛奶和罐裝水果或蔬菜一樣，輻照可以提高食品安全，令消費者安心食用。

　　電離輻射是有效的，因為高速電子、伽瑪射線和 X 射線，以及它們產生的自由基使敏感的細胞遺傳物質變性（denatured），那些物質主要包括 DNA（脫氧核糖核酸，細胞核中的最大分子），還有 RNA（核糖核酸）。失去完整 DNA 或 RNA 的生物體將停止運作。因此，可以通過輻照控制或消滅例如條蟲（tapeworm，一種腸道寄生蟲）之類的寄生蟲，以及沙門氏菌之類的致病微生物，這兩種微生物偶爾會在生食中發現。以同樣的方式，電離輻射可以減慢或延緩細胞新陳代謝的速度，例如水果的早熟會導致過早腐爛。同樣，輻照對昆蟲和黴菌也很有效，如果不加以控制，它們有可能破壞糧食庫存。因此，輻照是控制所有生物過程的有效手段。簡單而言，輻照可以用於許多目的，包括以下：

(i)　預防食源性疾病，有效消除引起食源性疾病的生物，如沙門氏菌和大腸桿菌（*Escherichia coli*，簡稱 *E. coli*）；

(ii)　破壞或滅活（殺死）導致腐敗和分解的生物體，並延長食品的保質期；

(iii) 控制／消滅食物中或上面的昆蟲；

(iv) 抑制發芽（例如薯仔）並延遲果實成熟以延長儲存期；

(v) 對食品進行滅菌，使食品無須冷藏即可儲存多年。消毒
食品在醫院對免疫系統嚴重受損的患者十分有用，例如
愛滋病患者或正在接受化療的患者，經輻照滅菌的食品
所接受的輻射劑量的水平遠高於批准用於一般用途的食
品，以確保完全滅菌。

或許不少人因聽過「輻射污染食品」的報道，而對輻照食品的
安全性感到疑惑，事實上，兩者並不一樣。輻照不會使食物具有放
射性，因為在輻照的過程中，食品並不會接觸到輻射源，接收的是
電離輻射的「能量」，而不是放射性物質。而通過使用伽瑪射線、
X射線或高速電子施加在食品上的劑量，不可能在食品中誘發放射
性，不會損害營養質量，也不會顯著改變食物的味道、質地或外
觀。事實上，輻照造成的任何變化都非常小，因此很難判斷食物是
否經過輻照。

輻照食品的營養品質和質量是對含有 DNA 和／或 RNA 的生物
體有影響，但對於食物的營養素不會造成任何顯著損失，蛋白質、
脂肪和碳水化合物的營養價值在照射過程中變化不大。即使劑量超
過 10 千格雷（kilogray，簡稱 kGray）[11]，有可能出現感官（包括香
味、味道和顏色等）上的變化，但必需胺基酸、必需脂肪酸、礦物

---

[11] 格雷（gray，符號：Gy），由電離輻射傳遞至受影響對象的能量單位。
1 Gy= 1公斤質量吸收1焦耳 (J) 的輻射能量。
1 Gy = 1 J/kg；1kGy = 1,000 Gy

質和微量元素則不會受影響。然而，輻照過程並不適合於部分產品，特別是高脂肪和高蛋白質含量的食品，如肉類，在室溫下經照射後味道會變苦，因為在室溫下輻照肉類的話，會加速酸敗反應，產生味道難聞的氧化化合物，但可以通過在寒冷的溫度下照射以減少這些變化。對於新鮮磨碎的肉，以及高脂肪的肉產品，最大劑量不應超過 2.5 千格雷，以防止酸敗。至於雞蛋，2 千格雷劑量可引起卵黃囊膜（yolk sac membrane）的損害，會影響在儲存過程中的質量。牛奶很容易在相對低劑量的照射下產生異味，但各種芝士表現出良好的耐受性，可接受劑量高達 3 千格雷。為防肉類、芝士等品質起變化，它們一般會通過在冷卻（chilling）或冷凍溫度下照射，並且選擇合適的 MAP 包裝系統以將變化減至最少。此外，輻照過程亦可能會影響到一些水果和蔬菜的堅實度（firmness），使其外觀未能完好地保持。

FDA 對輻照食品的安全性進行了三十多年的評估，並發現該過程是安全的。FDA 已批准多種食品在美國進行輻照，包括：牛肉和豬肉；甲殼類動物，例如龍蝦、蝦和蟹；新鮮水果和蔬菜，例如生菜和菠菜；家禽；發芽種子；有殼蛋；貝類，例如蠔（oyster）、蜆（clam）、青口（mussel）和扇貝（scallop）；香料和調味料等。

歐洲食品安全局（EFSA）審查了證據並重申食品輻照是安全的觀點，得出的結論是：

(i) 消費者不存在面對與使用食品輻照及其對食品微生物群落的後果相關的微生物風險；以及

(ii) 輻照過程中所產生的大多數化學物質，在其他加工（例如熱處理）處理過程中也會出現，數量並沒有什麼差別。

EFSA 亦指出，人們通常認為 2–烷基環丁酮（2-alkyl cyclobutanone）僅通過輻照在食品中形成，因此它們被認為是檢測食品輻照的有用標誌物，但在未輻照的新鮮腰果和肉荳蔻樣品中也可以找到 2–烷基環丁酮，因此不能將其歸類為獨特的輻射分解產品。

世界衛生組織（WHO）、美國疾病管制與預防中心（Centers for Disease Control and Prevention，簡稱 CDC）和美國農業部也認可輻照食品的安全性。大家必須緊記的是，輻照並不能替代生產者、加工者和消費者正確處理食品的做法。輻照食品需要以與非輻照食品相同的方式儲存、處理和烹飪，因為如果不遵守基本食品安全規則，輻照後它們仍可能被致病生物污染。

特殊食品的安全性

太空食品、防災食品的安全性

● 防災食品

防災食品是特別為了預防災害發生時出現糧食供應問題而準備的食物，一般可以在常溫狀態下長時間保存，可即時食用，以確保災害發生時，身體亦可攝取足夠的營養。一般來說，防災食品都能儲存 3 至 5 年。如果要做到超長期儲存，需要高度乾燥處理，把水分去除到極限（最高 98%），透過脫氧劑去除容器內的氧氣，用有效的方法密封容器。使用這種方法，防災食品在常溫下正確保存，甚至可以保存 25 年。

防災食品包括麵包、蛋糕、飯、湯、水、巧克力、餅乾之類的乾糧等。防災麵包一類其實頗鬆軟，即沒有去除極限的水分，因為麵包被保存在密封罐中，完全去除罐內的氧氣，使其柔軟和濕潤得以保持。至於防災水是經過特別處理，以延長其保質期，例如容器的透濕性極低，以防止儲存過程中因水蒸氣而造成任何損失；容器的材料非常耐光和耐化學反應，以防止其變脆和破碎；裡面的水也經過生物處理和紫外線消毒。

用於製備這類超長保存期食物的原材料種類繁多，既有植物來源，也有動物來源。在選取食材上需要注意避免使用高脂肪含量

的原料，因為即使在特定的儲存條件下脂肪氧化的速度非常緩慢，也會影響食物的感官品質。這些防災食品中還添加了常見的食品添加劑，如抗氧化劑、穩定劑、調味料等，在長期儲存期間保持其質量。

有些防災食品會先去掉水分，食用時才加水。或許大家會問，坊間的杯麵其實也脫水了，是否可作為防災食品？當中要留意的是，市面上售賣的杯麵由於容器內的氧氣沒有完全去除，以及容器具氣體滲透性，氧化的出現有可能會引起食物變質，因此保質期比防災食品短得多。

● 太空食品

太空食品始於 1960 年代，當時由美國太空總署（NASA）與美國食品巨頭 Pillsbury 公司合作研發，他們從製造的源頭開始管控，以避免發生食安危害為首要，也是 HACCP（Hazard Analysis Critical Control Point，食品安全管制系統，也可稱為「危害分析重要管制點」）的原型。

太空食品必須輕巧且營養豐富，當然也要顧及味道，另一重要考慮是必須可以在沒有冷藏的情況下長期保存。食物組成的各種菜單要為每位太空人提供每天 2,500 或更多卡路里的熱量。為了確保太空食品擁有最長的保質期，大部分食品和飲料都經過脫水和獨立包裝。可再水化（rehydratable）食品的包裝由柔性材料製成，有助於壓縮垃圾。包裝在可再水化容器中的食物包括雞肉清湯、奶油

蘑菇湯、通心粉、雞肉、牛肉和米飯，以及炒雞蛋和穀物等早餐食品。早餐麥片亦可通過將麥片包裝在可再水化的容器中與脫脂奶粉和糖一起製備。熱穩定（thermostabilized）食品是需要加熱加工以破壞有害微生物和酶的食品。大多數主菜都包裝在有彈性的蒸煮袋（retort pouch）中，這包括蘑菇牛肉、茄子、雞肉和火腿等食品。堅果、麥片和餅乾等可以直接食用，並包裝在透明、有彈性的小袋中。

● 冷凍乾燥生產太空食品

阿波羅計劃（Apollo program）的大部分食物都是通過稱為冷凍乾燥的過程加工的。在包裝之前，將食物快速冷凍，然後放入真空室。真空通過水的昇華除去了食物中的所有水分，然後在真空室中進行包裝。冷凍乾燥處理的食物幾乎可以無限期地保持其營養和口感品質。它們一般非常輕巧，無須冷藏。其中一些阿波羅食品，例如穀麥棒和巧克力塊均可以即時食用，其他的則必須通過包裝末端的噴嘴添加熱水或冷水才可進食。不像雙子座計劃（Gemini program）的水槍只注入冷水來「水化」食物，阿波羅計劃的水槍可以注入熱水或冷水。再水化後，太空人可以透過包裝中的扁平管吸啜內裡的食物。吃完後，太空人會將一小片藥片插入包裝中以防止細菌生長。

隨著太空技術的進步，現時國際太空站的工作人員已經可以享用多種溫熱而安全的食物。2021年，美國無人太空貨船「天鵝號」

更曾運送薄餅給國家太空站的太空人享用；日本航空局亦於 2020
年批准炸雞作為太空人的食品之一。事實上，太空食品的研發也可
以幫助解決一些偏遠或受災地區的糧食短缺問題，值得科學家繼續
研發這種節省儲存空間、方便運送、儲存時間長、不需花什麼工夫
備餐、富營養而安全的食品。

基因改造食物安全性

基因工程（genetic engineering，簡稱 GE）可以用植物、動
物或細菌和其他非常小的生物來完成。基因工程允許科學家將所
需基因從一種植物或動物轉移到另一種植物或動物中。基因改造
（genetic modification，簡稱 GM）是一種將 DNA 插入生物體基因
組（genome）的技術。為了生產基因改造植物（GM crops），新的
DNA 被轉移到植物細胞中，然後這些細胞在組織培養中生長，發
育成植物。植物的基因改造包括將特定的 DNA 片段添加到植物的
基因組中，賦予植物新的或不同的特徵。這可能包括改變植物的生
長方式，或使其對特定疾病具有抵抗力。新的 DNA 成為基因改造
植物基因組的一部分，這些植物產生的種子將包含這些基因組。

通過基因工程改造的食物（genetically modified food，簡稱
GM food）可能帶來的好處包括：營養價值更高、需要較少環境資
源（如水和肥料）、減少使用農藥、增加食品供應量、降低成本、
延長保質期、加快生長速度等。

使用傳統和現代方法均可生產出具有改良特性的優良植物品種，使它們生長得更好或更適合食用。基因改造植物是使用現代生物技術工具開發的，其中使用精確的工具將所需的特性引入植物中。相比之下，在傳統的植物育種（plant breeding）中，來自兩個親本（母本或父本）的基因以許多不同的組合進行混合，以期獲得所需的性狀[12]。這方法有可能改變植物的營養價值或導致天然毒物或抗營養物濃度的意外變化。然而，這些問題在基因改造植物中可能不太常見，因為在基因改造過程中只轉移了有限數量的基因，這與使用傳統育種方法時不同。

常見的基因改造植物性食物包括苜蓿芽（alfalfa sprouts）、油菜籽、玉米、木瓜、薯仔、大豆、紅菜頭等。源自基因改造作物的食品，比歷史上任何其他食品都經過了更多的測試。在進入市場之前，它們會使用世界衛生組織、聯合國糧食及農業組織（FAO）和經濟合作與發展組織（Organisation for Economic Co-operation and Development，簡稱OECD）等多個國際科學機構發布的指南進行評估。這些指南包括以下內容：

(i) 基因改造食品應以與其他方法生產的食品相同的方式進行監管。與源自生物技術的食品相關的風險與傳統食品的風險具有相同的性質；

---

12 性狀（trait）指由特定遺傳因子而產生的外形、顏色等，植物的性狀可以指根、葉、莖、花、果實等。

(ii) 這些產品的安全性將根據其個人安全性、過敏性、毒性
和營養來判斷，而非以用於生產它們的方法或技術；

(iii) 任何通過生物技術添加到食品中的新成分都將受到上市
前批准，就像防腐劑或食用色素等新食品添加劑在上市
前必須獲得批准一樣。

在任何基因改造食品進入市場之前，必須由開發者進行詳盡的
測試，並由營養學、毒理學、過敏性和食品科學其他方面的科學家
或專家對其安全性進行獨立評估。這些食品安全評估基於各國主管
監管機構發布的指南，包括：食品描述、有關其擬議用途的詳細訊
息，以及分子、生化、毒理學、營養和過敏性數據來進行評估。

一些關於基因改造食物安全性必須解決的典型問題是：
基因改造食品是否有同類型具安全使用歷史的傳統食品對應物
（counterpart）？食物中任何天然毒素或過敏原的濃度是否發生了
變化？關鍵營養素的水平是否發生了變化？基因改造食品中的新物
質是否有安全使用的歷史？食物的消化率是否受到影響？食品是否
使用公認的既定程序生產？

一般來說，基因改造食品的安全性可以根據以下標準進行評價：

• 毒性

在自然界中，植物含有低濃度的毒素，以保護其免受蟲害和
疾病的侵害。美國食品和藥物管理局提供了許多常見植物毒素和抗

營養素的清單，並有指導方針，根據毒理學研究確定日常消耗的所有作物品種的正常和可接受的毒素水平。基因改造作物的天然毒素水平與其傳統作物相似，商業化基因改造植物中插入基因的蛋白質產物，均需要在毒理學試驗（toxicological evaluation）中進行評估。基於許多已知蛋白質的作用方式是屬於急性，因此會對基因改造植物產品進行急性毒性（acute toxicity）研究，在細菌或植物系統中採用高劑量純化基因改造蛋白質，通過口服餵飼予受測試的動物。此外有關可能導致蛋白質材料被去除或變性的預期加工條件（processing conditions），比如熱處理的反應也是評估的一部分。這些都用以評估新蛋白質的毒性潛力。商業化基因改造植物的毒素在短時間內很容易消化，因此對人類無毒。

● 致敏性

公眾對基因改造食品最大的擔憂之一是過敏原（一種引起過敏反應的蛋白質）可能會被意外引入到食品中。已知蛋白質過敏原約有 500 種胺基酸序列，90% 的食物過敏僅與 8 種食物或食物組有關：貝類、雞蛋、魚、牛奶、花生、大豆、堅果和小麥，它們和許多其他食物過敏原的化學結構都得到了表徵確定，因此它們極不可能被錯誤地或意外地引入基因改造食品中。

過敏原具有共同的特性，它們在消化和食品加工過程中是穩定的，並且在個別食品中含量豐富。市售基因改造食品中的蛋白質不

具有任何這些特性，它們來自沒有過敏原或毒性史的來源，在生化和結構上與已知的毒素或過敏原不相似。改造的基因都是來自已知的來源，因此我們對它們的功能已有很好的理解。已知蛋白質過敏原在基因改造食品中的含量也非常低，會在胃中迅速降解，並在動物飼養研究中證實是安全的。這些基因改造作物中的新型蛋白質具有安全使用的歷史，沒有引起過敏的擔憂。

編碼遺傳訊息的物質（即 DNA）存在於所有食物中，其攝入不會產生任何不良影響。事實上，我們每次進食時都會攝入 DNA，因為它存在於所有植物和動物材料中，不論是煮熟的或生的。

• 抗生素耐藥性

一些基因改造作物會含有抗生素抗性基因，以識別已成功導入所需基因的細胞。人們擔心這些標記基因可能會從基因改造作物轉移到通常存在於人腸道中的微生物中，並導致抗生素耐藥性增加。現時已經有不少關於這個問題的科學評論和實驗研究，他們得出的結論是抗生素抗性基因從基因改造作物轉移到任何其他生物體的可能性極小。然而，為了回應公眾的關注，科學家們被建議避免在基因改造植物中使用抗生素抗性基因。因此含有抗生素抗性基因的標記策略正被其他策略（如實質性等效，substantial equivalence，簡稱 SE）所取代，並用於開發下一代基因改造植物。

● 實質性等效

　　任何食品都無法實現絕對安全，因為人們對食品的天然成分的反應各不相同。實質性等效是一種替代方法，用於基因改造食品的安全評估，其中傳統的毒理學測試和風險評估無法應用於全／原形食品（whole food），即未經加工並且不含額外添加物的食品。SE 基於這樣一種想法，即用作食物或食物來源的現有產品可以作為比較的基礎。因此，安全評估是基於在分子、成分、毒理學和營養數據方面將基因改造食品與其傳統（非基因改造）對應物進行比較。SE 已用於當今可用的基因改造作物的安全評估。例如，MON 810 玉米是一種全球通用的基因改造玉米，在主要營養成分（蛋白質、脂肪、灰分、碳水化合物、卡路里和水分）的含量水平方面，MON 810 與傳統的非基因改造對應物 MON 818 進行了嚴格比較，結果表明，MON 810 的胺基酸成分、脂肪酸、無機成分（鈣和磷）、碳水化合物成分（澱粉、糖和膳食纖維）和維生素 E 含量均在 MON 818 傳統玉米的範圍內。

　　因此，在當前市場上出售源自基因改造植物的食品是安全的。原因是基因改造植物中插入基因的蛋白質產品是通過了嚴格的測試，表明它們無毒、無過敏性，營養成分與非基因改造植物相近。

　　總括地說，基因改造農作物生長快速、產量高、增加營養、能抵抗害蟲等。可是，目前大部分地區都沒有法規要求對基因改造食品進行標籤，令消費者無從得知。不過從 2022 年 1 月起，

美國農業部要求食品製造商在所有含有基因改造生物（genetically modified organisms，簡稱 GMO）成分的食品上貼上標籤。香港政府現時對於基因改造食物則仍是採取自願標籤制度。雖然在香港曾經做過公眾諮詢，收到的回應是支持強制性標籤制度，然而也要考慮到這樣會大大增加業界的經營成本，尤其是一些中小型企業。事實上，現時針對基因改造食物的標籤政策，國際間仍然未有共識，或是公認的標準。

參考文獻

Centre for Food Safety. (2017, Aug 11). *Genetically Modified Food*. Centre for Food Safety, Food and Environmental Hygiene Department. Retrieved October 11, 2022, from https://www.cfs.gov.hk/english/programme/programme_gmf/programme_gmf_gi_info1.html

Centre for Food Safety. (2022, May 5). *Nitrate and Nitrite in Vegetables Available in Hong Kong*. Centre for Food Safety, Food and Environmental Hygiene Department. Retrieved October 11, 2022, from https://www.cfs.gov.hk/english/programme/programme_rafs/programme_rafs_fc_01_23_Nitrate_Nitrite_Vegetables.html

Chung, J. C., Chou, S. S., & Hwang, D. F. (2004). Changes in nitrate and nitrite content of four vegetables during storage at refrigerated and ambient temperatures. *Food Additives & Contaminants*, *21*(4), 317–322. https://doi.org/10.1080/02652030410001668763

Han, J.-W., Ruiz-Garcia, L., Qian, J.-P., & Yang, X.-T. (2018). Food packaging: A comprehensive review and future trends. *Comprehensive Reviews in Food Science and Food Safety*, *17*(4), 860–877. https://doi.org/10.1111/1541-4337.12343

Motelica, L., Ficai, D., Ficai, A., Oprea, O. C., Kaya, D. A., & Andronescu, E. (2020). Biodegradable antimicrobial food packaging: Trends and Perspectives. *Foods*, *9*(10), 1438. https://doi.org/10.3390/foods9101438

Salehzadeh, H., Maleki, A., Rezaee, R., Shahmoradi, B., & Ponnet, K. (2020). The nitrate content of fresh and cooked vegetables and their health-related risks. *PLOS ONE*, *15*(1). https://doi.org/10.1371/journal.pone.0227551

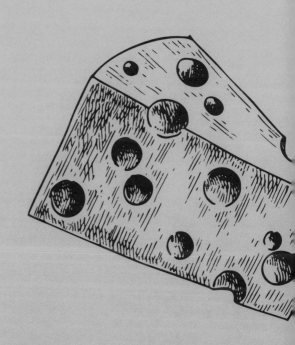

第三章

Food Science · Food Science

食品加工處理
與烹調秘技

3.1
非油炸的乾燥麵條
vs 經油炸的即食麵

什麼是即食麵 / 方便麵？

　　根據聯合國糧食及農業組織（FAO）和世界衛生組織（WHO）聯合制訂的食品法典 CODEX 中的 Standard for Instant Noodles 的描述，「方便麵可以和調味料一起包裝，或以調味麵條的形式，加配或不加配裝在單獨的小袋中或噴灑在麵條上的麵條配料，經過脫水過程後即可食用」。方便麵麵餅在製作上的定義是「以小麥粉和 / 或米粉和 / 或其他麵粉和 / 或澱粉為主要成分，添加或不添加其他成分製成的產品。它可以用鹼劑處理。它的特點是使用預糊化過程並以油炸或其他方法脫水」。方便麵根據脫水方式分為「油炸麵」和「非油炸麵」兩種。

● 油炸麵

　　金屬模具中的麵條在 140℃ 至 160℃ 的油中炸一兩分鐘。麵團的水分含量從 30% 至 40% 的水平降低到 3% 至 6% 的水平，並且在這個過程中加速了澱粉預糊化（pre-gelatinization of starch）。

● 非油炸麵

　　將金屬模具中的麵條放入風乾機中，用約 80℃ 的熱風脫水 30

分鐘以上。用這種方法製成的麵條是「風乾麵條」，完全不經「油炸」的過程。

油炸麵與非油炸麵最大的差別就在乾燥方式，油炸麵乾燥速度較快，乾燥後麵條的水含量低於10%；非油炸麵通常以熱風來將新鮮麵條進行脫水，乾燥後水含量大約是10%至14%。無論是經油炸或以熱風來處理，目的都是應用脫水乾燥技術來長期保存食品。由於微生物在缺乏水分的環境下很難生長和繁殖，因此脫水後的麵條不容易腐壞，並不需要添加防腐劑也能保存很久。但非油炸麵比油炸麵的含水量高一點，所以保質期相對較短。

油炸和非油炸麵條的顯著差異除了含水量之外，油炸麵的脂肪含量明顯高於非油炸麵。一份油炸麵通常含有大約20克脂肪，而非油炸麵只含有4克至6克脂肪，大約是油炸麵的四分之一而已。為防止油炸麵中的油脂變質，在加工過程中不會過度加熱。油炸食品在高油溫中釋放出水分會促使食用油水解，繼而產生脂肪酸，導致酸敗，令油脂變質。而且若油溫超過180℃，會出現氧化反應，並產生一些揮發性有毒物質，例如所產生的丙烯醛就是肺癌的誘發物之一。

油炸處理的麵條，為了對抗油脂酸敗的情況出現，在製作過程中會增添合乎國際衛生使用條件劑量的抗氧化劑如天然維生素E、BHA、防止食物酸敗的BHT等。

比較非油炸和經油炸即食麵的健康問題

除了添加安全劑量的抗氧化劑以外，油炸麵所使用的油脂，通常含有較高的飽和性脂肪酸，是心血管疾病的風險因子。用來油炸即食麵的油多是棕櫚油，其飽和脂肪含量高，有可能影響心血管健康。一個油炸即食麵大約重 100 克，其中 13 克為脂肪，而其中飽和脂肪約佔 7 克。按每日 2,000 卡路里膳食計算，飽和脂肪上限為 22 克，若長期攝取過量，會增加血管中的壞膽固醇。一個油炸即食麵的熱量達 420 卡路里，相等於 1.6 碗白飯。非油炸麵的卡路里較低，大約為 370 卡路里，脂肪含量僅為 3.5 克，飽和脂肪更只有 1 克。就麵條本身而言，風乾非油炸麵比油炸麵健康，因為它們無論卡路里和脂肪含量都較低，但這並不意味著他們的調味料亦更健康。就食物風味而言，風乾非油炸麵遠不及油炸麵，製造商為了彌補當中的味道不足，會放更多鈉在調味包，這是造成健康問題的重要元兇。

大家可有留意非油炸麵的麵條一般比油炸麵較幼或扁一些？因為這樣更有利於進行脫水乾燥。有些人會覺得非油炸麵的口感不及油炸麵餅「香口」，這是因為油炸麵經過高溫溢出水分後，令麵條佈滿細密的孔，被炸酥的效果使它在泡水煮的時候更容易入味，味道更香濃。但亦有人喜愛非油炸麵的麵條較有韌性，這是因為它的組織較緊密。由於油炸麵遇到熱水後，會有較佳的澱粉糊化效果，所以麵條表面相對比較滑而黏稠，但其含油量始終較高，非油炸麵更合乎健康考慮。

　　或許大家會問，既然做即食麵要先將麵條脫水乾燥，那麼製作麵條時少用水不就可以嗎？然而水少了，麵條裡的麵筋／麩質（gluten）會受影響，麵條脫水後再煮會容易爛掉，所以要添加「改性澱粉」（modified starch）來解決。但是改性澱粉價格比較高，於是添加「麵粉增筋劑」（gluten fortifier）如複合型的磷酸鹽取代它，然而它有個缺點，就是有可能含有重金屬。另一麵粉增筋劑瓜爾豆膠（guar gum）[1]，是豆科植物瓜爾豆（*Cyamopsis tetragonolobus*）的種子去皮去胚芽後的胚乳部分，經多重處理後乾燥壓成粉碎而得。除了瓜爾豆膠，麵餅裡還要再添加一種柔軟劑（softener）——甘油酯（monoglyceride）[2]，它能令麵條加水煮後更快變軟。

---

[1] 瓜爾豆膠是一種人體可溶性膳食纖維，對人類無害，同時亦不會對身體帶來什麼特別益處。

[2] 一甘油酯是三酸甘油酯的衍生物，類似我們日常從飲食中吸收的脂質，對人體無害。

冷榨／冷壓蔬果汁
真的能保存更多營養？

冷榨果汁和傳統榨汁有什麼分別？

「冷榨／冷壓」是指使用液壓機（hydraulic press），在非常高的壓力下將水果和蔬菜壓縮在兩個板之間來提取汁液的過程。用於幫助冷壓榨汁的機器和工具也稱為咀嚼榨汁機（chewing juicer），因為它們使用液壓動力（hydraulic power）有效地「咀嚼」並壓碎水果和蔬菜的細胞壁，繼而釋放細胞內的汁液。

傳統的榨汁過程使用一套由電力驅動快速旋轉的刀片，迫使水果和蔬菜通過機器時被撕碎並切碎，將果汁與水果和蔬菜的果肉分離，採用離心榨汁的方法以提取汁液。傳統的榨汁過程的機械原理（旋轉刀片）會產生熱量，同時也迫使果汁與空氣接觸，開始氧化過程。汁液暴露在潛在的熱量和空氣中，這會破壞水果和蔬菜中存在的一些不耐熱的維生素和植物化學物質，其中維生素 B 和 C，以及抗氧化酚類化合物在被迫與空氣接觸時對降解[3]特別敏感，導致營養流失。而冷壓榨汁機則使用非常高的壓力來提取汁液，卻不會產生熱量，汁液也不會接觸到氧氣，因此可以保留所有維生素、礦物質、營養物質和酶。

3　降解泛指有機物質因熱、光、氧等影響而令分子量下降，化學成分被分解。

　　冷壓榨汁機使用液壓機，與傳統榨汁機相比，榨汁時間較長，但可以盡可能提取最大量的液體，不會丟失任何營養物質。所以暫時來說，與使用任何其他類型的榨汁過程相比，冷壓是可以提取最多果汁的榨汁方法，亦可保留最多維生素和營養。然而，就純果汁（clear juice，又或稱為清果汁）來說，不論冷壓榨汁或傳統榨汁，榨出來的果汁都只會含有水溶性膳食纖維，非水溶性膳食纖維則會殘留在榨汁機的食物殘渣中。

冷壓榨汁對身體的好處

　　對某些人而言，要吃足夠分量的水果和蔬菜來為身體提供所需的維生素可能是困難的。榨汁則可以省卻進食蔬果時部分的「不方便」過程（例如吞嚥困難、缺乏時間等），同時又可保留其營養價值，並容許各人根據不同需要和喜好而創建不同的飲食組合。你可以混合多種蔬果，甚至將那些你不喜歡的蔬果混合其中一起榨汁，在一杯冷壓榨汁中攝取各種營養素。

　　與需要時間吸收的固體食物不同，冷榨果汁以液體形式出現，因此營養成分很容易被吸收，冷榨果汁可說是最接近生吃水果和蔬菜所能攝取的最大量營養。

　　由於冷壓過程中不會產生熱量，亦不會接觸氧氣，因此營養成分不會像在巴士德消毒法（pasteurization）過程中那樣流失。傳統的榨汁方法或多或少會丟失或破壞果汁中含有的抗氧化劑、維生素

B及C，這些營養成分對增強免疫系統是很有幫助的，而抗氧化劑更有助於清除體內導致衰老跡象的自由基，有效預防衰老的早期跡象和症狀。

冷榨果汁的食用安全要點

冷榨果汁雖然比傳統榨汁對身體更有益處，可是它也有缺點，就是保質期短。冷壓過程不同於日常會使用的巴士德消毒法，後者涉及使用高溫來保存食物，例如果汁經過巴士德消毒法後，用以殺死細菌的熱量也有助於延長保質期，因此，一般經巴士德消毒法的包裝果汁都可儲存一段較長的時間。而市售的冷榨果汁不會經過高溫殺菌外，為了保持產品的新鮮度和美味度，一般都沒有添加任何糖或防腐劑，它們亦必須持續冷藏以保持其新鮮度和安全性，並在幾天內飲用。

雖然冷榨果汁的濃縮性質使產品營養更豐富，但正如上文提及，這只是最接近生吃水果和蔬菜所能攝取的最大量營養，想要吸收水果和蔬菜的最佳及最健康的方式，還是採取「全食物」(whole food)⁴ 的方式，即整個水果和蔬菜食用，因這樣才可吸收所有水溶性及非水溶性膳食纖維。此外，榨汁的過程中，植物細胞難免被破壞，繼而釋放了細胞內的酶，令食物產生變化，例如抗壞血酸氧

---

4 「全食物」一詞通常適用於加工最少的蔬菜、水果、豆類和全穀物，但也適用於動物性食品。

化酶和硫胺素酶會降解維生素 C 和 B_1 等營養素，或是多酚氧化酶
引起褐變反應。

牛油 vs 人造牛油

牛油是如何製作的？

傳統上，牛油被定義為衍生自奶油（cream，亦稱忌廉），轉化為油包水乳液（water-in-oil emulsion，簡稱 W/O emulsion），當中最少 80% 為脂肪。牛油中的連續脂肪相（continuous fat phase）是一種複雜且形成網絡的液態牛油和脂肪晶體的矩陣（matrix），包含小量水滴和小氣泡。

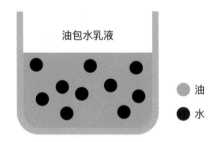

油包水乳液

● 油
● 水

牛油是一種天然產品，它來自牛奶中的油脂，經過離心及攪拌而將脂肪脫離，按照不同的脂肪含量比例製成奶油、凝脂奶油（clotted cream）、牛油等，當中以牛油的脂肪含量最高，約為 80%；凝脂奶油約 55%；奶油則取決於其不同類型，約 30% 至 50%。牛油通過將奶油攪拌至半固體而製成。牛油可用作麵包和吐司等食物的塗抹物，也可作為烹飪和烘焙的配料。製作牛油的過程

中，牛奶首先會被加熱到50℃，然後通過管道輸送到一個叫做「離
心機」的大型機器中，藉旋轉牛奶來將奶油（35% 至 40% 乳脂）與
牛奶（0.1% 乳脂）分開，再將奶油冷卻至5℃，並儲存在罐中，直到
準備好進行熱處理（巴士德消毒法）。奶油會放在一個大桶中進行高
速攪拌，然後去除酪乳 (buttermilk)，即攪拌奶油製成牛油後留下的
液體。下一步便將牛油通過多孔板以隔去水分（去除剩餘的酪乳），
並將牛油加工至所需的稠度。這個階段可以加鹽製成有鹽牛油，即
一般用來塗抹麵包的牛油。若不加鹽，即為烘焙時用的無鹽牛油。
最後將牛油成型為磚塊狀，切割並包裝出售給消費者。

　　牛油在煮食方面用途甚廣，例如純牛油，尤其是無鹽牛油，
非常適合烘焙。以麵包為例，因為烘焙時牛油會融化，油中包含的
小量水分蒸發時，能夠為麵包創造額外的氣泡，使其膨脹並更加蓬
鬆。而牛油混合物（見後文）則適合煎炸，因為牛油混合物的煙點
(smoke point) 遠高於牛油的175℃。

人造牛油

　　人造牛油在1860年代發明，作為普法戰爭期間提供予法國
工人和士兵的廉價牛油替代品。它是一種經過加工的植物油，
添加了穩定劑以結合水分子。根據《食品科學與營養百科全書》
(Encyclopedia of Food Sciences and Nutrition)，第一種人造牛油
是用牛脂 (beef tallow) 和牛奶攪拌而成的。後來去掉了動物油脂，
以氫化植物油 (hydrogenated plant oil) 取代。氫化 (hydrogenation)

是 1900 年代初期開發的一種工藝,它使用反式脂肪 (trans fat) 來凝固 (solidify) 植物油。這意味著人造牛油的固體越多,多數情況下反式脂肪的含量就越高,而現時大家已經知道反式脂肪是不健康的。反式脂肪會增加低密度脂蛋白膽固醇 (LDL cholesterol),並降低有益的高密度脂蛋白膽固醇 (HDL cholesterol)。攝入反式脂肪有可能增加患心臟病和中風的風險,它還與患二型糖尿病的高風險有關。美國心臟協會 (American Heart Association,簡稱 AHA) 建議從飲食中消除反式脂肪。雖然人造牛油含反式脂肪會對心臟不好,但另一方面由於人造牛油用植物油製成,所以比傳統牛油含有較多不飽和脂肪,對心臟健康而言亦不盡是弊處。

3 茶匙 (TSP)
1/2 安士 (OUNCE)
15 毫升 (ML)

1 湯匙 (TBLSP)

	人造牛油	輕怡人造牛油	牛油
卡路里	100 卡路里	74.6 卡路里	100 卡路里
脂肪	11.3 克	8.37 克	11.4 克
飽和脂肪	2.13 克	1.69 克	7.19 克
膽固醇	0 毫克	0.14 毫克	30.1 毫克
碳水化合物	0 克	0.12 克	0 克

* 以 1 湯匙為單位作比較

　　某些類型的人造牛油可能含有約 2 克反式脂肪，有些品牌亦會強化維生素或 omega-3 脂肪酸。

　　輕怡人造牛油（light margarine）比傳統的人造牛油用更多的水製成，可以減輕卡路里負荷，反式脂肪亦較少。

　　牛油來自動物脂肪，其中含有飽和脂肪（saturated fat）。飽和脂肪會增加低密度脂蛋白膽固醇，提高患心臟疾病的風險。美國心臟協會建議每日攝取的總熱量當中，飽和脂肪最好只佔 6%，甚至更少。以英國國民保健署（National Health Service，簡稱 NHS）建議成人每天需要約 2,000 卡路里計算，這意味著每天攝入的飽和脂肪應少於 15 克。

　　除了脂肪，需注意的是某些類型的牛油可能含有鹽。

● 其他種類的牛油或植物塗抹醬

　　牛油混合物（butter blend）是牛油與人造牛油混合製成的「牛油」，亦即由牛油和植物脂肪混合而成，與牛油相比，它含有較低的飽和脂肪含量。一般每 100 克牛油混合物，其中 80 克為牛油脂肪，20 克則為液態蔬菜油（vegetable oil）。因為它由牛油脂肪、未氫化脂肪和液體蔬菜油組成，基本上不含反式脂肪，質地會比傳統牛油柔軟一點，而成本亦較低。相比人造牛油和輕怡牛油，牛油混合物的飽和脂肪較多，而不飽和脂肪（單元不飽和脂肪酸和多元不飽和脂肪酸）則三者相若。

牛油	VS	牛油混合物
乳香味較濃,用於烘焙時,製成品充滿牛油風味		乳香味較淡,用於烘焙時,製成品牛油風味一般
飽和脂肪含量較高		飽和脂肪含量較低
熔點較低,塗抹在食物上較快溶化		熔點較高,不易變質
價格較高		價格較低

牛油和人造牛油何者更健康?

雖然人造牛油的飽和脂肪比牛油少得多,但你也不會想要反式脂肪吧?怎樣可以兩全其美?現時市面有售不含反式脂肪和部分氫化油的人造牛油。這些是軟人造牛油,通常以桶裝(tubs)或液體(liquid)形式出售。人造牛油越「硬身」,即含有更多氫化油,因此會產生更多的反式脂肪,增加患心臟病的風險。世界衛生組織與聯合國糧食及農業組織亦有建議日常膳食攝入的反式脂肪與飽和脂肪量分別少於1%和10%的總能量。以成人每天需要約2,000卡路里為參考,每日反式脂肪攝入量約2克,飽和脂肪約20克。

● 其他基於植物製造的塗抹醬

牛油和人造牛油仍是最普遍的塗抹醬類型,但如今市場上陸續出現各種各樣的植物性塗抹醬替代品,例如含有植物甾烷醇(plant stanols)和植物固醇(sterols)的植物性塗抹醬(plant-based

spreads），它們都是植物性食物中的天然化合物，具有與膽固醇相
似的特性，並已被證明有助於降低低密度脂蛋白膽固醇。

清洗新鮮農產品的
必要性和正確方法

為什麼要清洗新鮮農產品?

　　新鮮水果和蔬菜是攝取維生素、礦物質、纖維和抗氧化劑等營養素的天然來源,無論是生吃或作為烹煮的材料,一直以來都建議用水將它們徹底沖洗乾淨,以去除有可能污染食物表面的任何病原微生物和有害的農藥殘留物。你從街市、超市或農作市集購買農產品之前,事實上已經過許多人處理,由於無法保證每一雙接觸過新鮮農產品的手都是乾淨的,在食用新鮮水果和蔬菜之前作充分清洗可以盡量減少它們被直接食用或烹煮前留有的殘留物。

● 表面污染的病原微生物

　　雖然水果和蔬菜通常被認為可以安全食用,然而病原微生物,如沙門氏菌、大腸桿菌 O157:H7 血清型和單核細胞增生李斯特菌 (*Listeria monocytogenes*) 與新鮮農產品有非常密切的關係。有研究顯示使用不同的清潔方法可減少家庭環境中新鮮農產品的細菌污染。單核細胞增生李斯特菌可在 5℃ 和 12℃ 下潛伏 7 天和 14 天。研究發現,沖洗農產品前先在水中浸泡可顯著減少蘋果、番茄和生菜中的細菌,但不會減少西蘭花中的細菌。這是因為剛買回來的一整棵西蘭花花節,其表面積與體積比 (surface area-to-volume

ratio）低，即使用水浸泡和沖洗，也不是每個部分都能充分接觸到
水，令細菌種群容易隱藏其中；然而，當西蘭花切割成小朵，具有
較大的表面積與體積比，就能通過增加與水的表面接觸來提高洗滌
和漂洗的效率。如浸泡 2 分鐘，然後進行沖洗步驟，細菌種群可大
幅度減少。與浸泡和沖洗程序相比，用濕紙巾或乾紙巾擦拭蘋果和
番茄後細菌減少量較低。

● **用檸檬、醋、鹽、食用梳打粉等浸洗蔬果可有效用？**

有研究顯示，浸泡在檸檬或醋溶液中的生菜，與浸泡在自來
水中的生菜相比，在細菌污染風險方面沒有顯著差異。因此，食
用前用自來水擦拭或刷洗新鮮農產品已經足夠。至於坊間常建議
放鹽浸洗蔬菜，鹽水的確是具有抗菌作用，原理是通過稱為滲透
（osmosis）的過程，從細菌中吸出水分，導致細菌因脫水而被殺
死。亦有人建議在清洗過程中加入食用梳打粉，由於食用梳打粉含
有碳酸氫鈉，因而提供了鹼性的 pH 環境，不利於細菌生長，理論
上是具有一些抗菌作用。

● **表面污染的有害農藥殘留物**

農夫在耕作時為達到一定目的（例如除蟲、調節植物生長
等），會有意將農藥施用於農作物，使水果和蔬菜成為膳食攝入農
藥殘留的主要來源。農產品收成後，食品中農藥殘留量主要受隨後
的儲存、處理和加工過程所影響。如果有效執行良好的農業規範

(good agriculture practice，簡稱 GAP)[5] 和良好生產規範 (good manufacture practice，簡稱 GMP)[6]，農藥殘留量將低於相應的最大殘留水平 (maximum residue level，簡稱 MRL)[7]。因此，食用生的水果和蔬菜是安全的。但為了確保安全，還是建議消費者在食用前進行清洗處理，盡量去除農藥殘留物，以降低任何相關風險。最廣泛用於消毒水果、蔬菜和鮮切農產品中的化合物包括氯（次氯酸鈉）和臭氧，而家用清潔劑則主要包括酒精、葵花油、甘油、檸檬油、椰子油、氫氧化鉀、柑橘酸，這些化學物質可以幫助去除附著在作物表面的殘留農藥和化肥，然而亦有可能會產生一些問題，詳見後文。

食用前進行清洗處理

　　削去水果的表皮或修剪某些蔬菜的外層是減少農藥殘留的最有效方法，因為大多數農藥直接施用於作物，對作物角質層 (cuticle) 的滲透有限。

● 洗菜應該浸菜？浸菜越久越好？

　　洗滌對水果農藥殘留的影響似乎是不明顯的。一些研究表明，農藥在水中的溶解度與洗滌後農藥降低之間缺乏相關性，又有一些研究表明洗滌並沒有導致殘留水平顯著降低。果實表面有一層蠟質 (wax)，厚度因果實成熟程度而異，越成熟則蠟層越厚。當農藥（通常是親油性的）噴灑到水果表面時，它們有溶解到細胞壁外層

上蠟質的趨勢,從而阻止了自身遭機械帶走 (mechanical removal) 和在水中的溶解作用。農藥可以通過蠟質層 (wax layer) 進入角質層;如果在處理食材時表面留有土壤中的一些灰塵,農藥則會沉澱在水果表面。由於灰塵很容易被水去除,因此去除殘留物的效果將取決於水果表面的灰塵量。這一事實解釋了農藥在水中溶解度與洗滌後農藥降低之間缺乏相關性,「清洗」的動作並不意味著有效去除農藥附著,還要視乎其他因素。

● 用化學物質洗菜可有效去除農藥?

為了提高農藥在水中的溶解度,研究人員在浸泡水中添加了不同的化學物質,包括鹽、醋酸(醋)、燒鹼(發酵粉)、清潔劑、雙氧水、高氯酸鹽、高錳酸鹽等。一般來說,用酸、鹼和 / 或鹽浸泡蔬菜比只用水更能有效去除農藥。當使用酸或鹼時,農藥會產生反應形成加成物 (adduct)[8] 或發生水解。當水果或蔬菜浸泡在化學浴中時,也會發生氧化。水解和氧化都會導致代謝物的形成。農藥馬拉硫磷 (malathion) 是水解產物研究中變化過程較複雜的一個典型例子,其中會形成意想不到的產物,如馬拉氧

5　良好農業規範 (GAP),聯合國糧食及農業組織的定義是「適用於農場生產和生產後過程的一系列原則,達致安全和健康的食品和非食品農產品之餘,同時考慮到經濟、社會和環境的可持續性」。

6　良好生產規範 (GMP) 是生產安全食品所需的基本操作和環境條件,這包括確保成分、產品和包裝材料得到安全處理,並確保食品在合適的環境中加工。

7　最大殘留水平 (MRL) 是在按照良好農業規範正確施用農藥時,食品或飼料中或表面合法允許的農藥殘留量的最高水平。

8　加成物即兩個或多個不同的分子互相合成下形成的產物。

磷（malaoxon）、二甲基硫基琥珀酸（dimethyl thiosuccinate）、二甲基硫代磷酸（dimethyl phosphorodithioate）等。此外，一些農藥的降解或轉化過程可以產生更多的有毒代謝物。例如，農藥異菌雙酮（iprodione）和亞乙基雙二硫代氨基甲酸酯（ethylene bisdithiocarbamate）的降解產物分別是毒性更大的 3,5- 二氯苯胺（3,5-dichloroaniline）和亞乙基硫脲（ethylenethiourea）。儘管浸泡在化學浴中是減少農藥殘留的更有效和方便的替代方法，但關於有毒代謝物形成的研究仍然被認為不足和矛盾的。一般家庭自行準備化學浴液可能會導致環境污染，同時化學物質中的雜質將是另一個值得關注的因素。因此，不建議使用化學浴來浸泡蔬菜。

為了減少接觸農藥，最簡單、最有效的方法是在食用或烹煮前將水果去皮或修剪蔬菜的外層。然而，大多數營養物質，如維生素，可能儲存在其表面附近，所以過度修剪可能會導致蔬菜的營養價值大幅下降。因此，剝離或修剪應小心進行。

而最常見又最簡單的處理方法是用自來水清洗。與削皮和修剪蔬菜相比，水洗具有低營養損失和耗時少等優點，亦可最大量保持從食物基質中釋放出來、可被人體吸收和利用的部分營養物質或生物活性化合物。可是，針對去除農藥而言，研究發現在流水下沖洗 5 分鐘，再在水中浸泡，其實效益並不高。相比起來，將蔬菜在沸水中熱燙（blanching，又稱焯水或汆水）1 分鐘，然後隔水備用是一個更有效去除農藥殘留的處理方式。因為水溫在農藥去除中起著重要作用。雖然在熱燙過程中有可能會形成有毒代謝物（有機磷

酸鹽和氨基甲酸鹽的降解產物），但這些代謝物或已大部分溶於水
中，只有小部分殘留在蔬菜中。這些水解或降解的產物通常更易溶
於水，並且在浸入冰水中或置於冷水中時會被去除。此外，將蔬菜
泡於冰水中可使其色澤保持翠綠[9]，這是中式餐廳的常見做法。熱
燙中的營養損失相對炒或焗等烹調方法較低，蔬菜在焯水後亦可縮
短烹煮時間。

清洗農產品的最佳方法

一般人都是以自來水來沖洗農產品，但隨著人們越來越關注環
境污染及農藥問題，許多人都想知道簡單地用水沖洗真的足以清洗
乾淨農產品來食用嗎？有些人主張使用肥皂、醋、檸檬汁，甚至是
漂白劑等商業清潔劑來輔助沖洗。但是包括美國食品和藥物管理局
（FDA）和美國疾病管制與預防中心（CDC）在內的健康和食品安全
機構都強烈敦促消費者不要嘗試這些建議，不但認為它們對於去除
農產品中的有害殘留物沒有幫助，甚至有可能會對健康造成進一步
的危害，例如攝入漂白劑等商業清潔化學品可能是致命的，絕不能
用於清潔食物。此外，檸檬汁、醋和農產品清洗劑等物質在清潔農
產品方面並沒有比普通水更有效，甚至可能會在食物上留下額外的
沉積物。雖然一些研究表明使用中性電解水[10]或食用蘇打粉可以

---

9 熱燙可阻止氧化酶破壞葉綠素，冷燙則通過低溫減緩氫離子遷移到葉綠素分子中取
代中心鎂離子，以減少葉綠素的降解，令色澤保持翠綠。

10 中性電解水（neutral electrolyzed water，簡稱 NEW）是一種全天然、有機、無
毒、對環境和生態安全的消毒溶液。它是由水、鹽和電的電化學反應產生的。

更有效地去除某些物質，但共識仍然是在大多數情況下用自來水清洗就足夠了。研究的結果表明，在適當的情況下在冷自來水下摩擦和刷洗蔬果，已能減少表面細菌污染和殘留農藥。

● 如何用水清洗水果和蔬菜

就健康衛生和食品安全而言，食用新鮮水果和蔬菜前先用冷水清洗是一種正確的做法。然而，你有沒有想過剛買回來的蔬果是否應該立刻清洗乾淨，然後才儲存起來？答案是「不應該」！因為在非當刻食用之前清洗它們，反而有可能形成一個更容易滋生細菌的環境。如擔心買回來的蔬果直接放入冰箱會造成「污染」，可以將蔬果放進一個大保鮮袋中，然後才放入冰箱。無論是準備蔬菜作烹調或直接食用前，最重要是用肥皂等清潔劑和水徹底洗手，亦要確保用來準備食材的任何器具、水槽等保持乾淨，然後用冷水沖洗蔬果。處理要剝皮的水果或蔬菜的話，例如橙，請在剝皮前清洗外皮，以防止任何表面細菌進入果肉。

清洗不同類型農產品的一般方法如下：

(i) **質地堅硬的蔬果：**蘋果、檸檬和梨等果皮較硬的水果，以及薯仔、蘿蔔等根莖類蔬菜，可以用乾淨、柔軟的刷毛刷洗，以便更有效地去除表皮和毛孔中的殘留物。

(ii) 綠葉蔬菜：菠菜、生菜、十字花科蔬菜（如白菜）等應
去除最外層的菜葉，然後將其浸入一盆冷水中，最理想
是將每塊菜葉逐一用清水沖洗乾淨。

(iii) 柔軟易損壞的農產品：蘑菇、漿果（如覆盆莓）和其他
容易損耗的農產品可以用細小而穩定的水流清洗，並用
手指輕輕摩擦以去除塵埃、沙礫等。

3.6

如何減少油炸食品 吸收的油脂？

什麼是油炸烹飪？

　　油炸是最古老的食品加工方法之一，它的流行與食物製備的方便性、速度，以及獨特的風味和味道等有關。油炸豐富了食物的質地，適用於各種肉類、家禽、海鮮和根菜類。油炸是一種高效的烹飪方法，因為它是高溫和快速傳熱的結果。油炸過程中微生物、酶遭熱破壞，以及食品表面的水分活度下降，這都產生了保存食物的作用。

　　油炸是一個高度複雜的過程，在整個過程中會同時發生一系列現象，包括產品與加熱介質（煎炸油）之間發生的熱量、水分和油的轉移，還有外殼層的形成。油炸的過程包括將食物浸入極熱的油中，直至食物達到安全的最低內部溫度。油是一種將能量從熱源轉移到食物的有效介質，該烹飪方法涉及將食物浸入加熱至比水沸點更高溫的熱食用油。當食物中的水分遇到非常熱的油時，便會立即蒸發，變成水蒸氣。水蒸氣迅速膨脹並在食品中產生酥脆的質地。在油炸過程中，熱量通過對流（convection）從油中傳遞到食物表面，然後通過傳導（conduction）進入核心。食物中的水分通過細小的縫隙溢出。由於水分流失，表面溫度升高，接近煎炸油的溫度，導致結皮形成。

油炸食品的外層又熱又脆，中間柔軟濕潤，令人垂涎，學術上會稱為增加了適口性（palatability），簡單來說就是令美味度提升了。然而，「美味度」和「邪惡度」總是掛鈎，從油炸食品中攝入過多油脂是一個健康問題，脂肪攝取被認為是導致肥胖的主要原因。最近人們對低脂產品的關注度日益增加，因為高脂肪飲食被認為會增加高膽固醇、高血壓和冠心病的風險。油炸食品熱量高，在現時講究低卡路里健康飲食的趨勢中備受關注，而減少油炸食品中的脂肪一直是許多研究活動的目標，究竟保持食物「香口」的同時，如何可以食得健康一點？

影響食物吸油量的不同因素

油炸過程中的吸油機制是油與食品相互作用的複雜現象。減少油炸食品吸收油脂的方法包括：通過改變油炸介質、油炸技術、表面特性或塗層的應用，又或找出並使用最佳溫度和油炸時間來實現，適當的搖晃和隔油也可簡單地減少食物表面的油脂。還有以親水膠體（hydrocolloids）來減少油炸過程中的脂肪吸收，從而可以生產出更健康的低脂肪塗層食品。以下講解幾個影響油炸過程中食物吸油量的因素：

● 食品尺寸、形狀和表面

食物的形狀和大小對油炸過程中的吸油量影響很大。作為一種表面現象（surface phenomena），大部分煎炸油會留在食物表面，

油的吸收程度與食品厚度呈負相關關係（negatively correlated），也就是說，食物越厚，吸收的油就越少。例如，炸薯條吸收的油比薯片少，因為薯條比薯片厚。

食物的結構特性也對油的吸收有影響，因為大部分煎炸油會穿透食物外殼中的毛細孔。吸油過程是經由食物切割過程中破碎的細胞進行，所以如果切割後食物表面的粗糙度高，會增加食物和油的接觸和吸收。

● 食品組成（水分和固體含量）

食品的初始成分十分影響油炸時的吸油量，這主要關係到食品中的初始水分（initial water content）和固體含量（solid content）。一般而言，高水分含量的食品會導致更高的吸油量，故初始水分含量高的話會顯著增加油炸食品的最終含油量。在油炸過程中，外殼中的水會蒸發並從食物中移出，然而由於必須要有足夠的水從食物的核心遷移到外殼中才能使蒸氣繼續流動（這樣才能令核心熟透），因此外殼必須保持滲透性，而蒸氣留下的那些空隙就會被油填進去。所以油炸產品的高度多孔結構主要是由於大量水分流失或初始水分含量高所造成。

乾物質（dry matter）固體含量高的食品會產生低脂肪含量的油炸產品。例如用高乾物質（固體含量比例 > 24%）製成的炸薯條比用低乾物質（約 19.5%）製成的薯條的油含量低 9%。因此，

若先用布或紙巾吸掉水分,或風乾薯條,然後才油炸,都可有效減少薯條吸收油分。在食品中添加任何膨鬆劑(leavening agent)也會影響油的吸收。這種結果能夠在油炸麵糊(batter,俗稱脆漿或炸漿)期間觀察到,那些從膨鬆劑形成的二氧化碳氣體可以被油保持在油炸食品中;另外,由於部分二氧化碳會從油炸食品的縫隙中溢出,它們曾經佔據的空間因而被油填滿。

• 油炸介質

不飽和脂肪酸的吸油率較高。由於大豆油或菜籽油的不飽和脂肪酸比玉米油多,因而吸油率相對較低的玉米油是更好的油炸介質。然而這也不是絕對的定律,例如不飽和脂肪酸較高的棉籽(cotton seed)油,卻比飽和脂肪酸較高的棕櫚油吸收較少的油,當中的矛盾跟油的黏度有關。[11] 油的黏度越高,油遷移(oil migration)得越慢。用黏度較高和 / 或表面張力較低 [12] 的食用油(例如棕櫚油)來油炸食物,會較難去除食物表面的油。

• 油炸溫度和時間

在較低的油溫下油炸食物,油的吸收一般會較高,這是因為在較低的油炸溫度下,食品停留在油的時間往往較長,從而提高了吸

---

[11] 飽和脂肪酸中對稱的分子結構加強了其黏度,因而提高了吸油率。

[12] 表面張力較低的食用油會以一層薄膜的形式擴散並黏附在油炸食品表面;相反,表面張力較高的食用油,油與食物的接觸較少,因而更容易去除油。

油率。相反,較高的油炸溫度會觸發脫水過程,並立即形成外殼作為吸油的屏障,防止水分從食品中溢出,進而阻礙吸油。在150℃至180℃之間的油溫下油炸食物,吸油量沒有顯著的差別;但如果油溫高於180℃,食物的吸油量會減少。

如果油炸時間超過恆溫條件下的最佳時間,往往令食品具有較高的吸油率。例如,在油炸方便麵的過程中,延長油炸時間會增加方便麵的孔隙率(porosity),孔隙率增加會產生更多的空間,從而導致更高的吸油量。

● 預乾燥處理

預乾燥(pre-drying)步驟常用於降低薯仔的初始水分含量。通過風乾來降低薯仔的初始水分含量,可有效減少油炸產品的油脂吸收。預乾燥處理當然可減少其自身水分含量,實際上卻是由於食品表面發生的結構變化——產生了一種低滲透性的外皮,增加了油炸過程中吸油的阻力,從而減少了吸油量。

● 使用親水膠體塗層

親水膠體(hydrocolloid,也稱食用膠)是一種水溶性聚合物,用作乳化劑、增稠劑、膠凝劑和穩定劑。常用於油炸食品作為塗層的親水膠體類型是纖維素衍生物(cellulose derivatives),如甲基纖維素(methyl cellulose)、羧甲基纖維素(carboxymethyl cellulose)、羥丙基甲基纖維素（hydroxypropyl methylcellulose），以及其他如黃原膠（xanthan gum）、瓜爾豆膠等。在食品的油炸過程中，親水膠體在產品表面形成均勻的塗層，避免過度吸收油脂。將親水膠體添加到麵包糠／麵糊系統（如炸漿）中有助於形成結構網絡，增加麵糊的黏性，這樣可減少麵糊外層形成孔洞，從而減少油的吸收，並最大限度地減少油炸過程中的物質傳遞（mass transfer），形成更理想的質地。親水膠體在加熱時會形成凝膠，但在冷卻時會恢復其原始黏度。凝膠化促進了對油的吸收和水分流失的阻隔作用。

翻炸油炸食物一次能減少油膩感？

坊間的大廚分享煮食心得時都說「翻炸」（雙重油炸）可「逼出」油分，減少油炸食品的吸油量，究竟是什麼原理？大家要留意，「翻炸」減少油膩感通常只適用於肉類菜餚，而不是植物或小麥粉食品，這是因為肉製品具有柔韌的纖維肌肉細胞結構，比具有剛性細胞壁的食用植物吸收更多的油。「翻炸」通常適用於第一次以較低溫油炸（120℃至150℃）的食物，油炸過程中食物的核心溫度逐漸提高（以確保食物熟透），油炸食品中的水分蒸發，油被吸收在較不發達（即結構較鬆散）的外殼表面，並填滿了水被蒸發後留下的空間。由於使用的油溫度低，油炸食物中的外殼結皮不能完全成形，表面鬆散容易黏附大量的油。第二次油炸則使用高溫（180℃至210℃）的油進行油炸，這樣能夠增強外殼的鬆脆度，並

排出其表面鬆散黏附的油。因此,「翻炸」的步驟可以降低食品的吸油量,減少油膩感的同時,又可形成酥脆的口感。

　　另外,值得一提的是坊間常用啤酒代替水來調製麵糊,稱可令油炸食物更加鬆脆。這是因為溶解在啤酒中的二氧化碳在油炸過程的高溫下迅速溢出,並產生孔隙,使油炸食品的外殼變得酥脆。而且啤酒酒精的蒸發速度比水快,因此啤酒麵糊不必像只用水製成的麵糊那樣煮太久。麵糊乾燥得越快,食物過度烹飪的風險就越低,因此啤酒中的酒精在調節油炸食物內部溫度和使外殼酥脆方面均起著重要作用。

抗性澱粉和隔夜飯

什麼是抗性澱粉？

　　抗性澱粉（resistant starch，簡稱 RS）可以被認為是澱粉分子的一部分，也被稱為「難消化澱粉」，具有抗酶消化和到達結腸（即我們常說的「大腸」）的獨特性質。我們吃的大多數澱粉在上消化道中被迅速而廣泛地消化，但仍有一小部分存活下來，通過小腸後進入大腸，例如抗性澱粉就是「抵抗」小腸消化的膳食澱粉，即它沒有被消化掉就進入了大腸。就是因為它不易被消化，有助增加飽肚感，因此被認為有助控制體重。如今，它被認為是一種膳食纖維（dietary fiber），而因其含有益生元（prebiotics），功能上亦有通便、降膽固醇和降血糖作用，以及能降低潰瘍性結腸炎和結腸癌的風險，故被認為對人類健康帶來益處。大腸中的抗性澱粉為常駐細菌（微生物組）提供燃料，這些細菌將其分解（發酵）成有助於支持健康消化系統並預防腸道和其他疾病的產品。

• 為什麼抗性澱粉很重要？

　　抗性澱粉對於維持腸道微生物群（gut microbiome）的健康非常重要。逃離小腸的澱粉充當大腸中「好細菌」的食物來源，促進它們的生長和活動，使大腸內產生有利的變化。抗性澱粉發酵有利於丁酸鹽（butyrate）的產生，它是保持腸道健康和正常運作的主

要細菌代謝物。丁酸鹽是腸壁細胞的首選「燃料」，可確保腸壁的完整性，有助於保護其免受癌症和其他嚴重消化系統疾病的侵害。抗性澱粉還提供腸道以外的健康益處，例如通過增加身體對胰島素的敏感性來幫助降低患二型糖尿病的風險。為保持腸道健康，抗性澱粉建議的每天攝入量為 15 克至 20 克。

• 哪些食物抗性澱粉含量較高？

但凡含有澱粉的食物都含有抗性澱粉，只是含量不同而已。它天然存在於不同的食物中，包括穀類食品，如麵包和意大利麵；豆類，如小扁豆、鷹嘴豆、紅豆、黃豆；澱粉類蔬菜，如薯仔、芋頭等。最好的來源是全麥穀物和豆類。然而抗性澱粉的含量會因為食物的加工、處理和烹飪方法、有否重新翻熱等過程而有顯著差異。一般來說，加工和加熱澱粉類食物會耗盡它們的抗性澱粉含量，例如以越高溫加熱，抗性澱粉會變得越少。但煮熟的食物在冷卻時也會形成抗性澱粉。反覆烹煮和冷卻會使米飯、意大利麵和薯仔等食物的抗性澱粉含量略有上升。

大米是澱粉的極好來源，當食用大米時，澱粉通常由從口腔開始與 α– 澱粉酶（α–amylases）發生反應（因這種酶主要存在於唾液中），然而小腸才是人類消化食物的主要器官。澱粉通常被消化道中的酶水解，轉化為葡萄糖，細胞直接利用葡萄糖來產生代謝功能所需的能量。熱米飯中通常只有不足 3% 的抗性澱粉，這類型的

澱粉幾乎可以完全逃脫 α– 澱粉酶的消化，不會轉化為葡萄糖被人體吸收，細胞亦無法使用其卡路里。

　　大米含有大約 87% 的碳水化合物、7% 至 8% 的蛋白質，脂肪含量極低。大米中的主要碳水化合物是澱粉，它由直鏈澱粉（amylose）和支鏈澱粉（amylopectin）組成。在水中煮熟時，澱粉分子會膨脹並吸收水分。當澱粉顆粒（starch granules）結構膨脹並被破壞時發生糊化（gelatinization），就會形成黏性糊狀物。當澱粉煮熟然後冷卻時，由於直鏈澱粉重新結晶而發生回生（retrogradation）。

　　抗性澱粉（RS）大致可分為五種類型：1 型 RS 是物理上無法獲得的澱粉，例如全穀物中的澱粉，因有外殼之類阻止了澱粉被人體消化；2 型 RS 常見於生薯仔和未熟的香蕉中，其酶抗性是澱粉顆粒內緊密堆積的結果，導致澱粉難以消化；3 型 RS 是回生澱粉（retrograded starch），在煮熟的澱粉類食物冷卻時形成，冷卻允許直鏈澱粉和支鏈澱粉的線性部分（linear portion）形成降低消化率的晶體結構；4 型 RS 源於澱粉的化學處理／改性；5 型 RS 是澱粉與脂質交互作用時所形成，其中直鏈澱粉成分與脂質形成複合物〔直鏈澱粉 – 脂質複合物（amylose–lipid complex）〕，這使其熱穩定性更高。

分類	描述	常見來源
1 型 RS	因有外殼之類等物理阻止而令澱粉無法被消化	未加工的全穀類、豆類、種子等
2 型 RS	因澱粉顆粒緊密堆積而產生酶抗性,導致難以消化	生薯仔、未熟的香蕉等
3 型 RS	煮熟的澱粉類食物冷卻時形成回生澱粉	煮後放涼的薯仔、白飯、意大利麵等
4 型 RS	澱粉經化學處理 / 改性	麵包、蛋糕等
5 型 RS	澱粉與脂質交互作用形成複合物,可增加熱穩定性	含小麥澱粉和脂肪或一甘油酯等乳化劑的烘焙產品

隔夜飯是好是壞?

● 隔夜飯的優點

　　白米飯是許多亞洲國家的主食,對於糖尿病患者來說,人們一直認為隔夜飯(已經儲存了一夜的米飯)比現煮的米飯更好。從理論上而言,這概念可以用煮熟的米飯在儲存或冷卻過程中發生的澱粉回生(starch retrogradation)過程來解釋,它可以使米飯中的一些澱粉難以消化〔即 3 型抗性澱粉(Type 3 RS)〕,所以不會被小腸吸收。因此,與現煮米飯相比,隔夜飯會導致血糖反應(glycemic response)的可能性較低。

熟澱粉的冷卻會導致澱粉回生,從而增加抗性澱粉含量。根據 2015 年的一項研究顯示,冷卻煮熟的白米會增加其 RS 含量,導致升糖指數(glycemic Index,簡稱 GI)降低。煮熟的白米在 4℃下冷卻 24 小時,然後重新加熱,其 RS 含量高於在室溫下冷卻 10 小時的白米飯。在臨床研究中,與吃相同分量且新鮮煮熟的白米飯相比,攝入在 4℃下冷卻 24 小時然後重新加熱的熟白米飯產生的血糖反應較低;口感上則跟新鮮煮熟的白米飯相差不遠。因此,建議糖尿病患者在日常飲食中將新鮮煮熟的白米飯以 4℃冷卻 24 小時後再加熱進食。

● 隔夜飯的缺點

雖然隔夜飯可以增加抗性澱粉含量,然而它可能會含有一種叫蠟樣芽孢桿菌(Bacillus cereus,簡稱 B. cereus)的細菌。B. cereus 廣泛存在於自然環境中,常見於土壤裡,它能夠產生耐熱和耐乾燥的孢子(spore),因此生食和熟食中都很難避免它們的存在或消滅它們。如果食物在適宜的 pH 值(>4.8)和溫度(8℃至 55℃)條件下保存足夠長的時間,這些孢子就會發芽成蠟樣芽孢桿菌並生長。

這種細菌具較強的耐熱性,當其他細菌在烹煮期間已被殺死時,它卻可以在大部分的烹飪過程中存活下來,所以這種細菌通常是重新加熱或煮熟的米飯引起食物中毒的原因。一旦米飯煮熟,蠟樣芽孢桿菌就會在潮濕、溫暖的環境中生長和繁殖,因此,如果煮

熱米飯後未能立刻吃完，最好在1小時內將其放涼然後放置在冰箱中，不要在室溫存放超過4小時，否則細菌有可能會大量繁殖，導致食物中毒。雖然冷藏並不會殺死細菌，但可以減緩它們的生長速度。

吃再加熱的米飯的確會有導致食物中毒的危機，但請留意導致中毒的原因並不是重新加熱的步驟或是隔夜飯本身，而是米飯在重新加熱之前的儲存方式。如果白飯在室溫下存放，孢子會長成細菌，這些細菌會繁殖並可能產生引起嘔吐或腹瀉的毒素。因此，剩下的米飯即使放涼1小時後仍有微溫，也建議盡快存放在冰箱中，而不是一直待冷卻至室溫才放進冰箱。

如果食用含有蠟樣芽孢桿菌的米飯，有可能會在1小時至5小時內出現嘔吐或腹瀉等症狀，通常持續約24小時，一般人的症狀相對較輕，但長者、小孩和免疫力較低人士則較易出現嚴重症狀，切勿掉以輕心。因此進食隔夜飯時有一些注意事項，包括：

(i) 翻熱米飯時要注意是否夠熱，需達75℃或以上才算安全，例如以微波爐加熱的話，建議用高火至少「叮」2至3分鐘，亦可參考有關說明書的烹煮指示。

(ii) 米飯放在冰箱中不宜超過1天，因嗜冷性（psychrophilic）細菌或真菌可在低溫下滋長。

(iii) 隔夜飯翻熱後應一次吃完，不要反覆加熱。

隔夜飯更容易煲成粥，而且更適合用來炒飯？

在煮粥的過程中，由於隔夜飯中的澱粉已經糊化，因此澱粉顆粒可以很快被打破，直鏈澱粉和支鏈澱粉釋放到烹飪水中的速度比生米快得多。結果，當大米澱粉以黏液的形式懸浮在烹飪水中時，就會形成粥。生米需要更長的時間才能形成粥，因為相對已完成糊化過程的隔夜飯，生米的澱粉在形成粥之前仍必須先經過糊化。

至於坊間不時說用隔夜飯來炒飯更好，這大概是因為米飯被冷凍後水分較少，較為乾身，因而比較容易炒出「粒粒分明」的成品。然而，一般餐飲業是不會用隔夜飯來炒飯的，畢竟如上述提及，隔夜飯有可能令蠟樣芽孢桿菌生長，導致食物中毒，因此大量使用隔夜飯來做炒飯是不切實際的做法。餐飲業為求煮出適合的米飯軟硬度，一般會使用不同品種的米（即所謂新米混合舊米）來煮飯，並用新鮮米飯來炒飯。

(3.7)

下調味料的先後次序
和烹調不同食物的關係

調味品 / 調味料

　　調味品（condiment）是指通常在烹飪和／或進食過程中小量添加以增強食物風味的物質。自古以來人類就使用調味品，根據《韋氏大學詞典》(Merriam-Webster)，「調味品」這個詞源自拉丁語 Contimentum，意思是「泡菜／醃漬」(pickle)。調味品通常以濃縮的單一形式或不同成分的混合物形式呈現。調味品起源於世界不同的文化，可以液體、半固體和固體形式產生。

　　鹽和糖是最直接使用的調味品，也是世界上大多數調味品的基本成分，因為它們可以增強風味、食品安全和儲存質量。鹽是調味品嗎？調味品是指在食物已經煮熟時添加到食物中的物質，由於鹽是用於豐富熟食的風味，因此與番茄醬、芥末等被歸類為調味品的範疇。人們可根據自己的喜好用鹽來調整菜餚的鹹味。鹽有時也可用來醃肉，又或被添加到生的食物如沙拉，這時它則會被當作食物成分 (ingredient) 之一。糖是調味品嗎？當糖用作增強另一道菜的風味時，它可以被視為調味品。然而，當糖用於任何類型的烘焙時，它也可以被視為一種食物成分。糖被視為調味品的實例包括將其添加到咖啡中或作為水果的配料，主要區別在於調味品用於增強風味，而配料則用作混合物的一部分，因此糖可以屬於任何一個類別。

不同國家、不同種族的人喜歡並經常食用具有不同感官特徵的調味品，以下舉幾個例子：

• 醬油

醬油在亞洲國家和地區中經常使用，它是起源於中國的傳統調味品，在東亞地區主要用於為熟食賦予開胃風味，以及幫助消化。醬油由大豆、烤穀物（例如小麥）、鹽水和米麴霉（*Aspergillus oryzae*）發酵製成。為避免生產過程中的微生物污染，通常添加16% 至 20% 的氯化鈉。然而，高鹽食物會導致健康風險，例如高血壓、心臟和腎臟疾病，因此，醬油發酵後，必須經過超微過濾（nanofiltration，即我們常聽到的納米過濾）技術，將氯化鈉含量降低到 5% 至 8%。同時亦會添加其他非鈉鹽（non-sodium salts），例如氯化鉀，以控制微生物生長。市面上標榜低鈉 / 低鹽的醬油，通常比標準的鈉含量少 40%。

• 料酒

在日式料理中使用的味醂（mirin）含有約 14% 的酒精（學名稱為乙醇，英文為 ethanol），並且含糖量高。含有不到 1% 酒精的味醂則被稱為低酒精味醂 / 味醂風調味料（shin mirin/mirin-fu chomiryo）。味醂由蒸糯米、培養米〔稱為酒麴（Koji）〕和蒸餾米酒混合而成，它可以在任何地方和環境發酵兩個月到幾年，並帶來獨特溫和的甜味。

在西餐中，葡萄酒可以用作調味品。葡萄酒在烹飪中提供的主要作用是酸度，當用於醃泡時有助於分解較硬的肉塊，以及在燉煮這種較長時間的烹飪方式中保持肉的嫩度。葡萄酒的酸度還有助於快速烹煮的過程中保持食材的柔軟和濕潤，例如用於水煮蔬菜或蒸魚。烹調的過程會令葡萄酒的味道變得濃縮，同時它也有提味的作用，會使菜餚的鹹味或甜味更突出。一般來說，乾紅葡萄酒 (dry red wine) 和乾白葡萄酒 (dry white wine) [13] 含有約 16% 的酒精，適用於鹹味菜餚；酒精含量高於或低於 16% 的酒類或非葡萄酒，因酸度不足，或未能做到提味的效果。

酒精在烹煮的過程中可作為溶劑，它的沸點一般為 78℃，因此在烹調過程中大都會被蒸發，只有小量或會與水混合保留在菜餚中。然而，為求安全起見，幼兒或孕婦進食的菜餚，還是不建議加入酒精來烹煮。

● 醋

醋是東西方國家常見的調味品，它是微生物代謝過程中發生一系列生化反應的產物。一般來說，醋可分為釀造醋和合成醋兩大類。釀造原料的不同、釀造菌種各自的特點，以及工藝條件有異，使不同的醋富含多種營養成分，形成了各自獨特的風味特徵。醋由

13　乾紅葡萄酒和乾白葡萄酒是指糖含量較低的葡萄酒。在發酵過程中，酵母令葡萄酒的糖分轉化為酒精，被分類為乾型的葡萄酒，一般每公升葡萄酒內不會含有多於 4 克糖。

大米或大麥等穀物製成,或由蘋果等水果製成。醋不但可以用來增加甜味,亦可以補充鹹味。醋中的醋酸也有防腐作用。

　　釀造醋大致可分為三個階段:糖化、酒精發酵和醋酸發酵。在糖化過程中,澱粉在水解酶和糖化酶的作用下分解成糖,然後在厭氧條件下通過酵母將所得的糖發酵成乙醇。在醋酸發酵過程中,醋酸菌分泌的氧化酶(oxidase)通過氧化作用催化乙醇氧化成醋酸(acetic acid)。其他產酸(acid-forming)微生物將還原糖轉化為各種非揮發性有機酸(nonvolatile organic acids)。蛋白質的水解、胺基酸和還原糖之間的美拉德反應(Maillard reaction),以及有機酸與酒精的酯化反應(esterification)也為醋提供芳香化合物和營養物質。

　　合成醋有別於釀造醋的發酵過程,它是以化學合成方式製作。以石油或天然氣衍生而來的醋酸作為原料,不含有釀造醋在發酵過程中所產生的有機化合物。醋酸會加水稀釋至濃度 3% 至 4%,然後添加果汁、糖類、胺基酸、酸味劑、食用色素等來「合成」。

　　還有一種叫混合醋,其實就是釀造醋和合成醋的混合版,即以釀造醋加上化學合成的醋酸,再添加水、糖及各種成分調配而成。市面上的果醋飲料,就是混合醋的例子之一,醋酸度一般在 4% 左右,例如蘋果醋。

不同調味料的化學成分

烹調前、中、後期添加調味品的次序會在很大程度上影響菜餚的風味,為了理解這一點,我們需要了解調味品的化學和物理特性、它們對食品材料的影響和相互作用,以及它們在烹飪過程中的化學變化。

以下列舉一些主要調味品的化學成分,包括鹽、糖、醬油、醋和料酒:

● 鹽

由氯化鈉 (sodium chloride) 組成,會產生鹹味。氯化鈉的分子量 (molecular weight) 為每摩爾 [14] 58.5 克 (grams per mole),它極易溶於水並產生滲透壓 (osmotic pressure) [15],在加熱下不會參與化學反應。

● 糖

由分子量為每摩爾 342 克的蔗糖 (sucrose) 組成,為食物帶來甜味。它高度溶於水以產生滲透壓。糖被加熱時可發生焦糖化 (caramelization) 和美拉德反應(當糖和蛋白質或胺基酸等同時加熱烹煮時便會出現),產生棕色效果。

• 醬油

　　主要含有水解大豆蛋白的可溶性胺基酸〔amino acids，平均分子量（average molecular weight）約每摩爾 110 克〕和肽（peptides，平均分子量約每摩爾 800 克至 4,000 克）[16]，產生醬油的獨特風味。它還含有一定量的鹽，從低含量到高含量不等。醬油的顏色也從淺色到深色不等。

• 醋

　　成分以弱有機酸的醋酸（acetic acid，分子量每摩爾 60 克）為主（約 5% 體積比），還有發酵過程中產生的其他調味化合物。醋的弱酸性是其酸味的原因。

• 料理酒

　　酒精〔乙醇，分子量每摩爾 46 克〕與發酵過程中產生的各種有機調味化合物的混合物。乙醇在加熱時極易揮發。

---

14 摩爾（mole）是物質的量的國際單位。

15 不同濃度的溶劑會有半透膜以作阻隔，抑制低濃度的一方其溶劑分子滲透到高濃度的一側。這種抑制溶劑分子在半透膜兩側來回移動並取得平衡的壓力，就是滲透壓。

16 這裡的平均分子量是指胺基酸和肽的混合物，有別於書中其他地方提及的分子量，那些指的是單個胺基酸或肽的分子量。

先放糖後放鹽？醬油和料理酒又何時放？

添加調味品的順序對不同食材和不同的烹飪方法有相互影響和作用。

● 烹調前醃製食物

應先加糖再放鹽，因為糖的分子量比鹽大，滲透壓比鹽低。如果在加糖之前先加鹽，鹽較高的滲透壓會阻礙糖滲透到醃製食物中。醋、料酒和醬油等亦可以參考分子量的大小依次加入。

部分人主張醃肉時只加醬油而不要加鹽，認為這樣較能保持肉質嫩滑。從科學角度來說是合理的，醬油主要由水解蛋白組成，其分子量比鹽（氯化鈉）大，滲透壓比鹽低；由於鹽的滲透壓比醬油高，相對來說較易引起脫水情況，令肉質變「嗒」（粗糙）。

● 烹調（炒）肉類

若要令食物呈現褐色，應在加熱煮食器具至較高溫度（150℃以上）時先加糖，以誘發焦化和美拉德反應，然後再加入其他調味品。如果在加糖之前加入其他調味品，如醋和料理酒，會降低糖的溶解度和烹飪容器的溫度，這兩個因素都會妨礙褐變反應。添加料理酒的最佳時刻是當烹飪容器的溫度足夠蒸發乙醇時，這可以將殘留在料酒中的其他調味化合物與熟食混合。

　　在烹調肉類時，應在肉類將近完全煮熟之前才添加鹽，因為鹽的高滲透壓會使肉脫水並變硬，故不宜過早添加。醬油也應在烹飪結束前一刻才添加，因為其含有調味的胺基酸可被長時間加熱過程破壞。

● 烹調（炒）綠葉蔬菜

　　烹煮有葉蔬菜時，例如菠菜、菜心、白菜等，不宜加醋，因為醋酸會使葉綠素降解，形成褐色色素。至於檸檬酸（citric acid）這一類有機酸，其弱酸成分則不足以引發葉綠素降解和變色。此外，在烹製綠葉蔬菜時，也應在後期才添加鹽，如果一開始就加鹽，鹽的脫水作用會使蔬菜因水分流失而變乾和造成營養成分流失。烹調蘿蔔、冬瓜、紅蘿蔔等無葉蔬菜時，則宜在一開始便加入鹽，使它們脫水，以軟化這些蔬菜，縮短烹調時間，更好地保存營養。煮豆類時，則不應該太早加鹽和糖，因為它們的高滲透壓會導致脫水，使豆類質地變硬，難以煮熟。因此，應該在豆類變軟後才添加。

● 燉煮肉類

　　燉煮，又或廣東人常說的「炆煮」菜式，例如紅燒肉，可在鍋內溫度最高時加入料理酒，使乙醇揮發，將料酒中的調味化合物保留在食物當中。這之後可以加入醬油來誘發色澤。與烹調（炒）肉類相似，也應先加糖後加鹽，以保持肉質柔軟。

● 煮湯

用肉類和／或蔬菜等配料煮湯時，應在最後才加入鹽，因為湯料的質地會因鹽的脫水作用而變硬，阻止營養成分和其他調味物質從湯料中擴散。

(3.8)

非明火煮食的原理,以及 對人體健康和食物味道的影響

各種非明火煮食爐具的原理

● 常規對流烤箱

常規對流烤箱(conventional oven)通過加熱線製造並使用熱空氣對流來烹飪食物。同時,裝有內置風扇產生熱氣流,令熱量深入烤箱內部,快速均勻地烹飪各種食物。這種烤箱的溫度最高可達200℃至300℃。傳統對流烤箱具烘烤功能,但這個烹飪方法依靠熱空氣包圍食材,因此烹飪速度較慢。

● 蒸氣焗爐 / 烤箱

蒸氣焗爐 / 烤箱(steam oven)基本上就是將傳統的「焗爐」和「蒸籠」合而為一,亦可以理解為在「常規對流烤箱」加了蒸煮這個功能。烤箱底板上的加熱管產生熱量並將水變成熱蒸氣來烹飪食物。這種烤箱的蒸煮功能非常適合製作不同種類的菜餚。

● 水波爐 / 過熱蒸氣烤箱

水波爐(healsio) / 過熱蒸氣烤箱(superheated steam oven)的溫度達到300℃以上,形成過熱蒸氣。過熱蒸氣是通過進一步加熱

濕蒸氣 (wet steam) 或飽和蒸氣 (saturated steam) 而產生的。當水被加熱到沸點，然後用額外的熱量蒸發時，就會產生飽和蒸氣。如果該蒸氣隨後被進一步加熱到飽和點以上，則會變成過熱蒸氣。這樣產生的過熱蒸氣比相同壓力下的飽和蒸氣具有更高的溫度和更低的密度。過熱蒸氣是溫度高於水在特定壓力下的沸點的水蒸氣，例如在正常大氣壓下，過熱蒸氣的溫度高於100℃，其出色的熱傳遞功能可密封食物的天然水分和營養成分。

水波爐既可以完成烤箱的一切功能，更可將烹飪效果提升到一個新的水平。烤箱用乾熱包圍食物；過熱蒸氣烤箱則可為該過程添加過熱蒸氣。這種額外的過熱蒸氣不但改善了食物的風味、質地和顏色，由於它能更好地保持食物的表面結構，因此亦可保持食物的脆度。

• 氣炸鍋 / 氣炸烤箱

氣炸鍋 (air fryer) / 氣炸烤箱 (air oven) 實際上並不是用油炸，而是通過使用對流風扇在烤箱內高速循環熱空氣，藉空氣的力量產生對流 (convection) 效果。氣炸鍋內盛載食物的盤子必須有孔令熱風穿過，通過在食物周圍吹熱空氣以煮熟容器中的食物，並使外部變成褐色。舉例說，只要空氣溫度達到160℃或以上，有包裹麵包糠的食物如急凍炸雞，或沒有包裹麵包糠的食物如薯條，總之是含澱粉類的食物都會變成褐色或棕色。沒有包裹麵包糠或麵糊的肉類也可氣炸，只是褐變的程度較低而已。

「氣炸」是一種烹飪方法，與傳統的油炸相比，這種方法可以更快地烹飪食物，並使用很少或不使用油來形成酥脆的外層和均勻的褐色或棕色。

氣炸鍋和烤箱之間最明顯的區別是尺寸。氣炸鍋的體積一般比烤箱小，容量因此也較少，若需烹煮較大體積或分量較多的食材，烤箱會較易處理。

另外，由於氣炸鍋要通過對流原理運作，所以食材之間必須有足夠的空間，以便熱空氣在它們周圍均勻流動。一次能煮的分量不多，比較適合小家庭使用。氣炸鍋的另一個缺點是不能烹調蘸有液體麵糊的食物，又或是過輕的食材，否則那高速循環熱空氣會令液體飛濺，以及令過輕的食材在氣炸鍋內飛轉。

● 微波爐

微波爐（microwave oven）的運作原理是將電磁能量（electromagnetic energy，簡稱EM energy）轉化為熱能。EM是指包含相互垂直震盪的電場和磁場的輻射波（radiation waves）。當極性分子（polar molecules，即含有相反電荷的分子）比如水分子（water molecules）落在這些EM輻射的路徑中時，會透過震盪以改變方向與它們對齊（alignment）。這會導致極性分子從快速改變方向（reorientation）所獲得的能量，因分子摩擦（friction）和碰撞（collision）而從極性分子中流失，因而導致發熱。

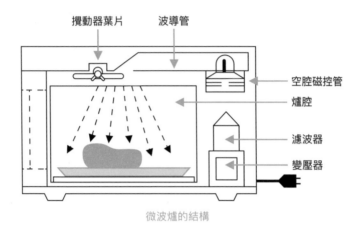

攪動器葉片　波導管

空腔磁控管

爐腔

濾波器

變壓器

微波爐的結構

　　與許多其他家用電器不同,微波爐需要比家庭電線承載的正常電壓更多的功率,為此在爐內放置了一個具有高壓輸出的升壓變壓器,能夠將 240V 電源躍升至幾千伏,然後饋入(feed in)空腔磁控管(cavity magnetron)。空腔磁控管是一種高功率真空管,可將電能轉化為遠程微波輻射。在空腔磁控管產生微波後,它們被波導管引導向爐腔內的食物。微波會穿透食物表面並到達食物內部的水分子。隨著電場的方向隨時間變化,水的極性分子試圖通過改變它們在材料內部的方向來跟隨電場,以在能量上有利的配置中沿著電場線排列(即正極指向與電場線方向相同),可參考右頁圖。

　　隨著這些分子快速改變方向(至少每秒數百萬次),它們獲得能量,從而提高了材料的溫度,這個過程稱為電介質加熱(dielectric heating)。當我們的食品中存在的水分子與微波輻射接觸時,也會出現類似的現象,從裡到外加熱食物。微波是頻率在 300MHz(0.3GHz)和 300GHz 之間的電磁輻射,相應的波長範圍

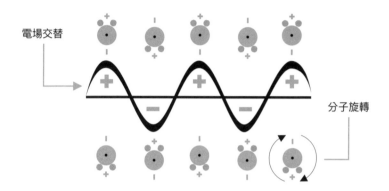

電場交替

分子旋轉

分別為 0.0009m 到 0.9m。在大多數微波爐中，使用的微波頻率為 2.24GHz（即波長 =12.2cm），這些尺寸允許微波深入食物內部並從內部烹飪，而食物周圍的空氣溫度保持恆定，因為空氣是非極性[17]的。

　　不少人對使用微波爐仍心存疑慮，例如擔心微波爐會對食物，以及站在微波爐旁邊的人帶來輻射風險。事實上，微波能量被食物吸收後，只會將它轉化為熱量，而不會使食物產生放射性污染，對人體不會帶來負面影響。而微波爐的設計亦有效阻止微波溢出。除了金屬外殼外，大家有留意到微波爐那道透明玻璃門有一個網狀屏幕的設計嗎？原來那些看似用作點綴設計的密密麻麻的小點，實際上是一個金屬網，那些微小的間隔孔都是經過嚴密計算的，可以讓微波在爐中不斷彈跳的同時，亦可阻擋微波穿透而出。

17　**極性（polarity）**在化學中是指一個共價鍵或共價分子電荷分布的不均勻性。如分布不平均，則為極性；如分布平均，則為非極性。非極性分子的熔點和沸點都比極性分子低。

非明火煮食對人體健康和食物風味有什麼影響？

● 烤箱較少油

　　烤箱使用熱空氣緩慢而間接地烹煮食物，除了固體食物，亦可使液體形式的食材在烹飪過程中成形，例如蛋糕。它從內部烹飪，同時慢慢地將外部變成褐色。烤箱烘烤對健康有一定好處，例如不需要外加一滴油，這減少了有害污染物從食用油中滲入食物的可能。一般來說，沒有油的食物通常會更健康，患癌症和其他與飲食相關的疾病的風險因此較低。與油炸不同，烘烤是一種較能防止營養流失的製備方法，可以更好地保存健康的維生素和礦物質，同時最大限度地減少有害物質〔如醛類（aldehydes）〕出現的可能性。

● 微波更能保存營養

　　由於微波只能與水一類具極性分子的物質相互作用，它們不會影響那些非極性成分的營養價值。其他傳統烹飪方法可能會在加工過程中破壞一些極性和非極性成分，相比之下，微波爐能減少對食物造成損壞。事實上，若以微波爐煮蔬菜，比起明火或烤箱更能保存營養。水煮蔬菜會導致可溶性維生素流失，而烤箱會令食物長時間暴露在高溫下，一旦烤焦了更有可能產生「多環胺類」等致癌物。微波則可以穿透食物，加熱食物的效率和速度更高，因此維生素分解的時間更短。微波食品的營養水平與蒸煮食品大致相同。

• 氣炸的脂肪含量較油炸低

氣炸鍋的賣點之一是以少油甚至無油方式烹製食物，相對油炸來說更健康。氣炸鍋藉著加熱空氣來去除食物中的水分，結果是得出一種具有與油炸食品相似特徵的產品，但脂肪含量顯著降低。像許多其他烹飪方法一樣，氣炸會引發美拉德反應以豐富和改善氣炸食物的顏色和風味，具體取決於所用油的類型和分量，以及食物的成分。舉例說，準備氣炸的薯條是否有調味塗層？烹飪前是否要添加油？一些烹調說明要求在烹飪前加入 1 湯匙至 1.5 湯匙油到未煮熟的薯條中，那是 120 卡路里至 180 卡路里的額外油量，這樣的話，氣炸薯條與傳統油炸薯條的油量其實分別不大。另外，氣炸鍋除了有形成致癌物丙烯醯胺（acrylamide）的風險，亦有可能形成其他潛在的有害化合物，例如多環芳香族碳氫化合物（polycyclic aromatic hydrocarbon，簡稱 PAH）和雜環胺（heterocyclic amines，簡稱 HCAs）。事實上，肉類進行任何方式的高溫烹飪（包括無火的氣炸、烘烤，或明火煎炸）都有可能產生丙烯醯胺、多環芳香族碳氫化合物和雜環胺，這些化合物都與癌症風險有關。理論上加熱的溫度越高，就會產生越多相關化合物，例如碳燒（可高達 370℃）比油炸（約 160℃至 180℃）更高溫，產生致癌化合物的風險亦較高。

氣炸鍋相對烤箱或微波爐的其中一個優勢是其熱空氣循環模式在重新加熱油炸的食物時較易回復其酥脆的口感。

　　總而言之，非明火烹飪提供了一種多功能性的烹飪方法來製備各種特色美味的食物，也可以在受控條件下保持食物的營養價值，在烹製某些菜餚方面，甚至可以保持更多的營養，而且油含量更少，相對來說較為健康。

保留烹飪蔬菜的
顏色和營養

烹煮過程會改變蔬菜的質地、風味、顏色和營養成分，改變之中有好亦有壞，例如高溫烹煮可使蔬菜變嫩，增強風味；過程中亦可殺死微生物，提高蔬菜的食用安全性。然而，過度烹煮會導致蔬菜質地、風味、顏色和營養成分變差。

保留烹飪蔬菜的顏色

• 蔬菜的顏色和特點

蔬菜有多種顏色，從白色到綠色、橙色和深紅色等，這是由於它們的細胞中存在某些色素。這些色素可分為三大類：葉綠素 (chlorophyll)，多見於綠色蔬菜；胡蘿蔔素 (carotene)，多見於橙黃色蔬菜；類黃酮 (flavonoids)，多見於白色和紅色蔬菜。為了在烹飪過程中保持其自然的顏色和風味，讓我們先來了解各種色素的不同特性。

(i) 葉綠素

綠色蔬菜，如西蘭花、蘆筍或青豆等含有葉綠素色素，對熱和酸非常敏感。如果將其短暫地投入沸水中，它會變得明亮。未經烹煮的蔬菜，那些被困在細胞之間微小空間中的氣體使我們無法看到

細胞中明亮的葉綠素；但一經烹煮，從熱水或沸騰產生的熱量會破壞細胞膜，令氣體溢出。液體流入細胞中填補這些空間，令我們可以更清晰地看到葉綠素，蔬菜因而看起來更明亮。然而，長時間烹飪會使它遭受嚴重的顏色損失。對於綠色蔬菜，熱量會導致葉綠素分子中的鎂原子分離，並以從熱水而來的氫原子代替。結果，綠葉蔬菜在煮過頭時會變成灰綠色。

此外，如果綠色蔬菜在含有酸性的液體（如檸檬汁或醋）中烹製，它們會迅速從明亮的綠色變為暗淡的橄欖綠色（dull olive green），這是因為帶酸性的液體中含有的氫原子會導致葉綠素失去鎂原子，因而變成暗綠色。事實上綠色蔬菜本身亦含有小量的天然酸（natural acid），在烹飪過程中會洩漏出來，所以用大量的水烹煮蔬菜可以降低酸釋放出來的濃度，將有助於它們保持綠色。不蓋上蓋子烹煮蔬菜也很重要，因為此舉使天然酸不會在蓋子上冷凝並落回菜餚的汁液中。添加蘇打粉／碳酸氫鈉（sodium bicarbonate）可中和酸度，有助於蔬菜保持綠色，但它會使蔬菜變得糊狀和帶有肥皂味，影響口感和味道的同時，對健康和營養亦有一些負面影響。因蘇打粉添加了鈉，可能會增加飲食中鈉的攝入量，提高了健康風險；其次，它會破壞蔬菜中的大量維生素 C 和維生素 B_1。因此，在烹飪蔬菜時添加蘇打粉雖然可以幫助保持顏色，卻犧牲了蔬菜的健康益處。如果你打算用醬汁或香醋來伴菜，最好在上菜前才這樣做，以防止顏色發生變化。

坊間流傳烹煮蔬菜時加入少許糖，可保持蔬菜翠綠，這是真的嗎？糖是中性的，並不會影響食物的 pH 值，故此不會因酸鹼度改

變而令蔬果保持翠綠。然而,加糖能提高水的沸點,縮短了烹飪時間,這可以減少對葉綠素的損害。

(ii) 胡蘿蔔素

橙色和黃色蔬菜,如紅蘿蔔、紅薯和南瓜等,都含有胡蘿蔔素色素,它非常穩定,通常可以耐受任何烹飪方法,無論是加酸、不加酸;加蓋、不加蓋。如果添加酸,建議在烹煮中途添加,因為在烹飪開始時和細胞壁分解之前添加酸,往往會使蔬菜保持堅硬;如果在烹煮期間及當細胞壁被破壞時加入酸,則可使蔬菜變軟,並保持其自然色澤。

(iii) 類黃酮

紅色和白色的蔬菜和水果含有各種類黃酮色素。從紅色和紫色的水果和蔬菜,例如藍莓、紫椰菜、紅洋蔥和紅菜頭;到白色水果和蔬菜,例如蘑菇和椰菜花。這些色素通常需要酸的存在,以保持它們的顏色。例如,在烹煮紫椰菜時可加入一點紅酒以保持其鮮艷的顏色。薯仔或洋蔥在與鹼性成分(例如蛋清)或某些金屬鍋(例如鋁或鐵)一起烹製時有可能會變成棕黃色,這是由於薯仔和洋蔥中的類黃酮具有抗氧化特性的植物物質,在鹼性環境,金屬離子會催化酶促褐變反應,形成棕色色素。此時可以添加酸性成分,如塔塔粉、檸檬汁或醋,以幫助中和這些蔬菜烹飪期間形成的鹼性環境並防止變色。

此外，在烹製不同顏色的蔬菜時會滲出顏色，例如紅菜頭，為了保持它們各自的顏色，避免互相染色，宜將它們分開烹煮。對於含有白色色素的蔬菜，例如蘑菇和椰菜花，添加酸（例如檸檬汁）將有助於它們在烹飪過程中保持白色。由於這些蔬菜受益於酸，它們可以蓋著蓋子煮。酸性成分，如柑橘汁、番茄和醋，應在最後才添加到烹飪蔬菜中，以避免顏色損失。

● 不同的烹煮蔬菜方式

有幾種烹煮蔬菜的方法可以幫助蔬菜保持顏色，當中更需留意不要過度烹煮，最好是咬的時候還是爽脆、有嚼勁的 (al dente)。

(i) 微波

微波爐煮蔬菜的速度比明火或烤箱快，因此，在微波爐中烹飪蔬菜時，最好少用水或不用水。此外，由於微波爐可以快速烹飪蔬菜，這是幫助蔬菜保持顏色的絕佳方法。

(ii) 蒸氣

蒸煮是令蔬菜保持顏色的另一種好方法，蘆筍、紅蘿蔔、西蘭花和菠菜等都適宜以這方式烹調以保持色澤。

使用壓力鍋蒸煮根莖類和乾豆類等蔬菜，效果尤其良好。這些蔬菜通常需要較長的烹煮時間，而壓力鍋有助於加快蒸製過程。但是要留意烹調時間，因壓力鍋很容易會出現過度烹煮的情況。

(iii) 燉煮

以較深的平底鍋烹煮蔬菜，幾乎不需要加水，將蔬菜放入鍋中，蓋上鍋蓋 [18]，使用蔬菜菜汁形成的蒸氣作燉煮。如有需要，可以在鍋中加入小量水或食用油作為傳熱介質以防止蔬菜燒焦。最適合以平底鍋烹煮的蔬菜包括椰菜、大多數綠葉蔬菜、豌豆和紅蘿蔔。

(iv) 翻炒

炒蔬菜既快速又簡單，是另一種有助於保持蔬菜口感清脆和顏色鮮艷的方法。在鍋底塗一點油，待油燒熱後慢慢加入蔬菜，不斷翻炒。煮熟後，蔬菜會嫩脆、明亮、有光澤。

(v) 烘烤

來自烤箱的乾熱有助於保存蔬菜的維生素、礦物質、風味和顏色，特別適合用來烹煮水分較少和不易變色的蔬菜，如洋蔥、南瓜、薯仔、青椒、紅椒、茄子之類。徹底清洗蔬菜後，使用穿孔工具刺破部分表面細胞壁結構，然後將它們放在烤箱的烤盤上烘烤便可。在食物表面刺孔，可以加快食物中的水分溢出，令熱空氣從食物表面更有效地傳送到食物中心，以縮短烹煮時間。

---

18 如加水烹煮蔬菜，會令蔬菜中的有機酸釋出，這時若加蓋烹煮，酸會在蓋子上冷凝並回落到菜餚中，令蔬菜變色。但不加水或只加很少水去烹煮的話，蔬菜中的有機酸不會釋出或溶解在水中，這樣的話，即使蓋上鍋蓋烹煮也沒有問題。

(vi) 燙煮

　　燙煮蔬菜是一種常見的烹煮方法，可是，如果操作不當，它會使蔬菜過分熟爛和無光澤。其中重點是燒一大鍋水，將蔬菜放入已煮沸的水中，水必須覆蓋蔬菜，大量的水有助於保持蔬菜綠色。煮沸後，可蓋上蓋子縮短煮的時間，以保持顏色。如想進一步保持蔬菜嫩綠的顏色，或製作涼拌蔬菜，待蔬菜煮至變軟後，立即瀝乾並用冷水沖洗，以防止繼續加熱。

　　烹飪五顏六色的蔬菜可以使用不同的方式，如以保持蔬菜色澤來評分，微波和蒸煮是相對較佳的方法。

　　採用微波煮蔬菜提供了一種快速烹飪方法，幾乎不接觸水或其他液體，最多只需加入幾湯匙水。你可以在烹飪過程中途停下來攪拌蔬菜並檢查它們的嫩度，避免過度烹煮。微波有助於軟化植物纖維，同時保持其顏色。

　　蒸煮則是最原始又最簡單的烹調方法之一，只需把蔬菜放在蒸籠或碟子上，蓋上蓋子，待蒸氣將蔬菜煮至變軟，然後取出以防止過度烹飪。

烹煮蔬菜會影響其營養嗎？

蔬菜是飲食中非常重要的一部分，可提供營養和抗氧化劑。然而烹煮蔬菜的過程中有可能破壞必需的營養素，其中會影響蔬菜中營養供應的因素是水、熱量和時間。

• 烹煮蔬菜對於保存營養只有弊無利嗎？

蔬菜中的一些營養素可溶於水，稱為水溶性維生素。蔬菜浸泡在水中的時間越長，就會滲出越多維生素。當這些蔬菜暴露在高溫下，例如在煮沸過程中，維生素的損失會增加。冷凍蔬菜在其營養最豐富的時候被急凍，使它們有時甚至比新鮮蔬菜保存更多的營養。然而，沸騰後也可能會改變當中的營養成分。不過，有些蔬菜卻可透過烹煮增加抗氧化劑的可用性，或是提高營養價值，以下將會講解一些例子。

• 富含番茄紅素的蔬菜

番茄和紅蘿蔔中的番茄紅素（lycopene）和 β- 胡蘿蔔素都可以通過烹煮過程提高其抗氧化劑含量，例如將富含抗氧化劑的番茄紅素的食物加熱 15 分鐘，會破壞這些食物中的細胞壁，使番茄紅素更容易被吸收。這些抗氧化劑天然存在於生番茄和紅蘿蔔中，然而煮熟後它們的攝入量會高出三到四倍，這是因為烹煮時產生的熱量令先前被困在蔬菜纖維部分中的抗氧化劑得以釋出，因此其營養素不但沒有減少，相反更是增加了！番茄和一些紅色水果中的番

茄紅素可以降低患癌症、年齡相關性黃斑變性和心臟病的風險。此外，烹煮後還可以增加番茄中柚皮素（naringenin）和綠原酸（chlorogenic acid）的含量，柚皮素有助於減少炎症和動脈阻塞。

● 富含 β–胡蘿蔔素的蔬菜

烹製過的橙色和綠色蔬菜，可以增加 β– 胡蘿蔔素的攝入量，例如西蘭花、生菜、菠菜、冬瓜、紅薯和番茄等。研究發現，人們從煮熟的紅蘿蔔中吸收到的 β– 胡蘿蔔素比從生紅蘿蔔中吸收的多。人類的身體可以將 β– 胡蘿蔔素轉化為維生素 A，有助於皮膚和眼睛健康，並能改善免疫功能。β– 胡蘿蔔素還可以作為抗氧化劑，限制自由基對細胞的損害。

● 烹煮後的薯仔營養價值更高

研究結果發現，烘烤、微波烹煮和油炸薯仔都增加了薯仔中的香草酸（vanillic acid）、對香豆酸（p-coumaric acid）、表兒茶素（epicatechin）、綠原酸和咖啡酸（caffeic acid）的含量，這些都是具有抗氧化功能的多酚。咖啡酸和綠原酸亦可以降低肥胖風險和膽固醇水平。

● 烹煮蔬菜保留營養的技巧

一般來說，減少煮蔬菜時使用的水量可以減少營養的損失。大多數蔬菜不需要太多的水來烹飪，例如，豆類只需要在足以覆蓋鍋

底的水中烹煮已經足夠。了解烹煮蔬菜所需的時間和水量將可避免蔬菜過度接觸水和熱力。由於不同蔬菜有不同的烹煮時間和方式，所以即使是菜餚中包含幾種蔬菜，最好還是將蔬菜分開來煮，待各蔬菜都煮熟後才組合起來，以免部分蔬菜烹煮時間過長影響風味。煮蔬菜的水不妨保留作為湯或燉菜的「湯底」，當中包含煮菜時滲入水中的營養物質，不要浪費啊！

● **烹煮蔬菜的替代方法**

減少營養損失的另一個選擇是使用不涉及水的方法來烹煮蔬菜。微波、蒸、炒和烤是可考慮的一些替代方法。微波是一種快速方便的烹煮蔬菜方法，它可以在沒有水的情況下最大限度地減少營養損失，以及減少蔬菜的受熱時間。雖然蒸煮涉及水，但蔬菜只使用蒸氣快速烹製而不與水實際接觸，因而可減少營養素流失。炒菜和烘烤使用乾熱[19] 來烹煮蔬菜，不但可保留營養，更可令蔬菜保持爽脆的口感。

另外，雖然炒煮比油炸更能增加蔬菜中的抗氧化劑水平，但又會令水溶性維生素和礦物質的含量減少多達20%，這使得蒸煮或微波成為保存蔬菜營養成分的最理想選擇。

---

[19] 乾熱烹煮即以高溫，但不使用濕氣來將熱量傳輸到食物，例如炒菜、烘焙、燒烤等。

　　烹煮蔬菜的確會導致多達60%的水溶性和熱敏性維生素（包括維生素C）流失，但另一邊廂又可以透過烹煮分解某些蔬菜的外層和細胞結構，以增加一些抗氧化劑或其他營養素的可用性，因此烹煮蔬菜並沒有一面倒的好與壞。了解不同蔬菜的營養素和其特性，混合食用熟蔬菜和生蔬菜可幫助大家攝取更多的營養，而適當地運用不同的烹調方式亦有助於減少營養素之損失。

3.10

不同炒鍋對烹調食物
產生的不同效果

烹煮蔬菜，尤其是綠葉蔬菜，無可避免地會改變蔬菜的質地、風味、營養成分和顏色，除了個別適宜生食的蔬菜外，那就只好以不同的烹調技術和方法去盡量減少營養素之流失，以及保持其口感和色澤。例如其中一個最簡單的方法是在較高溫度下烹飪較短時間，此有助於使蔬菜變軟，同時保持其鮮艷的顏色；過度烹煮令蔬菜變得暗淡無光，不但影響賣相和口感，同時也容易失去營養價值。

炒鍋的好處和功能

炒鍋（wok）起源於中國，又稱作「鑊」。它可以追溯到中國漢朝。傳統上，炒鍋是高壁呈圓底，設計上通常有兩個側把手或一個長把手。粵式炒鍋（Cantonese wok）的兩側有兩個鉚接的 U 形把手，特別適合準備分量較多的食物。只是其 U 形把手不利於「拋鑊」來翻轉食物。

另一種圓底鍋形炒鍋（Mandarin wok），側面附有一個長木或金屬手柄。這個把手不但有助於翻炒菜餚，令「拋鑊」變得容易，還可以讓廚師在烹飪後輕鬆分配食物到食器上。

• 炒鍋的好處

與平底煎鍋相比，炒鍋那帶有傾斜側面的凹形，以及其材料性質，都令它的熱量分布較均勻，確保鍋中的所有食材生熟度一致。此外，它的形狀亦更有利於攪拌和翻炒食材，使食材能在鍋中反覆滾動。

炒鍋的用途廣泛，不但可以用來炒菜，其深度更可裝水來燉煮食物，或裝滿油來進行油炸。加上鍋蓋，又可以用來蒸煮蔬菜、肉類或海鮮等。

• 生鐵鍋 vs 熟鐵鍋

中國人的炒鍋有分「生鐵」和「熟鐵」，兩者最大的分別在於碳含量，生鐵鍋的含碳量大約是 2.1% 至 4.5%；熟鐵鍋的含碳量大約只有 0.02% 左右。兩者相比，生鐵鍋一般較重及厚身，雖然傳熱速度較慢，卻可令熱力分布較平均，保溫功能較高；熟鐵鍋金屬比例較高，結構較緊密，雜質較少，重量較輕，傳熱速度亦較快，卻因為熱點[20]較多，熱力分布沒那麼平均。

兩者如何分辨？其中一個簡單方法是看看鍋的兩邊是否有鉚釘。生鐵鍋是用原模造出來，手把位置不會有鉚釘；熟鐵鍋的手把位置則會有鉚釘。

20 熱點即熱力最大的區域，這亦可表示熱力不平均，熱力集中在某些位置。

不論是生鐵鍋或熟鐵鍋，首次用來煮食前都應該先「調味」[21]
（廣東人稱為「開鑊」，英文以 seasoning 來形容），即以碳化油
(carbonized oil) 塗上一層油膜作為保護層，否則很容易生鏽。

用於製造炒鍋的材料

炒鍋有不同的種類，它們由不同的材料製成，包括不鏽鋼、不
黏塗層、陶瓷、無塗層鑄鐵、搪瓷鑄鐵、碳鋼、石材（麥飯石）、
銅和陽極氧化鋁等，以下將逐一介紹。

• 不鏽鋼

不鏽鋼 (stainless steel) 是超級耐用、重量輕的材料，有些品
牌甚至具有磁性（與感應烹飪方法兼容，即可用於電磁爐）。與銅
或鋁不同，不鏽鋼不會與任何食物發生反應。但不鏽鋼有一個缺
點，由於它可能含有鐵 (iron)、鉻 (chromium) 和鎳 (nickel)，這
些重金屬可能會進入食物中。尤其如果以不鏽鋼鍋長時間烹煮酸
性食物，則更有可能發生這種情況。同時，使用前亦應先「調味」
（開鑊），防止生鏽。

---

21 如何「開鑊」/「調味」(seasoning)？
　　烹飪前，在生或熟鐵鍋，或是無塗層鋁、不鏽鋼或碳鋼煎鍋的內部輕輕塗抹小量植
物油或起酥油，然後以中火燃燒 5 至 10 分鐘，直到出現輕微的煙霧或熱浪。當油變
成深琥珀色時，關火並讓鍋冷卻下來。倒出多餘的油並用廚房紙巾擦拭鍋，直到所
有油都被抹乾。這個步驟可延長鍋的使用壽命。每次使用後用溫和的清洗劑清潔鍋
具，將不會影響鍋的「調味」。可以根據需要經常重複此「調味」步驟，以作鍋具保
養。

● 不黏塗層

特氟龍（Teflon）是最常用的不黏（non-stick）材料，它是一種塑料材料——聚四氟乙烯（Polytetrafluoroethylene，簡稱 PTFE）——的註冊商標。聚四氟乙烯是一類被稱為含氟聚合物的塑料，可噴在各種物品上，如煎鍋和平底鍋等爐具，形成不黏、防水、不腐蝕和不反應的表面。它更可應用於服裝、個人護理產品（如牙線）、醫療器械等日用品上。

品質良好的不黏鍋其表面很滑，根本不需要使用任何油來煮食。食物不會黏在鍋子上，因此非常容易清潔。一般來說，不黏鍋加熱不高於 260℃下使用是安全的，將 PTFE 加熱到 260℃以上會導致塗層降解；在 280℃時，它開始釋放有毒煙霧。

然而，不黏塗層容易被尖銳物品刮花，或因不當清潔方法所損耗。假若塗層出現剝落的情況，建議停止使用，剝落物料若跟食物一起攝入身體，會帶來健康風險。

● 陶瓷

陶瓷（ceramic）通常由黏土、石英砂和水混合製成，並將它們塑造成所需的形狀。陶瓷通常會被稱為釉料（glaze）這種具裝飾性、防水、類似油漆的物質覆蓋。陶瓷鍋是不黏鍋具領域中較新的產品。這是一種更環保的選擇，因為所有原材料都來自大自然，而

且不含令人擔憂的化學物質。但是陶瓷鍋具不是為長時間暴露在高溫（260℃）下而設計的，在高溫下油漆的物質會降解，並釋放有毒物質。

● 鑄鐵

鑄鐵（cast iron）是鐵和碳的混合物，其中碳的百分比為2%至4%。與純鐵相比，鑄鐵可抗腐蝕並防止生鏽。而使用前亦應先「調味」（開鑊），避免生鏽。同時亦要留意，如果將鑄鐵鍋放在水槽中浸泡、放入洗碗機、未及風乾或存放在易受潮的環境中，即使是經過充分「調味」的鑄鐵鍋也一樣會生鏽。

鑄鐵不含有其他化學物質，在烹飪的過程中有鐵離子融入到食物中，可補充鐵元素。一般來說，它可以保留大量熱量，適合烹煮大部分食材，如薯仔、雞肉等。鑄鐵鍋的好處是可以令食物在烹飪時或從火上移開後保持溫度一段時間，具保溫功能。但要留意有酸性成分的食物和調味料會破壞鑄鐵鍋的表面鐵層。

鑄鐵的缺點（也可以是優點）是它對熱調節反應不佳，因此調低或關閉熱源後，其保溫效果會使鍋內繼續呈烹煮的狀態一段時間，有可能會使食物煮過頭。此外，鑄鐵鍋一般比較重，尤其盛滿食材的熱燙鑄鐵鍋，必須小心移動和拿起。無塗層鑄鐵（uncoated cast iron）是經典的黑色重型鑄鐵，可替代不黏鍋具。鑄鐵可與不鏽鋼煎鍋媲美，是最常用的鍋具。

現時流行不同色系的鑄鐵鍋，正確來說，它們應叫作搪瓷鑄鐵（enameled cast iron），其表面被粉末狀的熔融玻璃（melted glass）覆蓋。與傳統鑄鐵不同，搪瓷鑄鐵不會將任何鐵融入食物中，亦不必像沒有加上塗層的鑄鐵鍋那樣「調味」（開鑊），塗層使它們更容易清潔也更耐用。搪瓷塗層也可以消除鑄鐵表面的坑點，避免食物容易被困和黏住。

● 碳鋼

碳鋼（carbon steel）是最傳統的炒鍋物料，也是炒鍋愛好者最推薦的。它輕身、經久耐用，最重要的是，它可以快速均勻地加熱。碳鋼鍋具的加熱速度比鑄鐵鍋具快得多，並且熱點更少，鍋內的食材能受熱均勻地煮熟，使食材不會因過度受熱而燒焦。它對溫度變化的反應也比鑄鐵鍋快得多。

碳鋼鍋和鑄鐵鍋相比，前者是良好的導熱體，但也會更快地散失熱量；後者則需要更長的時間來加熱，卻可保留鍋內食材所需的大部分熱量。若跟不鏽鋼鍋相比，則碳鋼是更好的導熱體，離火後可以保溫幾分鐘。碳鋼還可以承受 260℃以上的高溫而不散發有毒煙霧，這方面比以 Teflon 製造的不黏鍋安全。

● 銅

銅（copper）通常以銅作外部物料，並以低活性金屬（如錫或不鏽鋼）作內部襯裡，這樣可增加鍋具的多功能性。具有銅外部和

內部的鍋具很少見，因為銅會與酸性食物反應並釋放微小的原子金屬，導致食物有金屬味。攝入這些微量的銅是無害的，但它會令食物失去風味。銅比不鏽鋼（和鋁）更導電，電導率較高，即由電子組成的電流可以更快地傳播，電子攜帶的熱能可以更快地在金屬中傳遞，從而提高加熱速度。這意味著銅鍋的加熱速度更短，熱量分布更均勻，而且對溫度變化的反應更快（即加熱和冷卻更快），使其非常適合需要精確溫度控制的食譜，如煮醬汁、焦糖或魚。

有別於不鏽鋼，銅鍋不兼容感應烹飪方法，因為銅不是鐵磁金屬，這意味著它不能被磁化，因此不能用於電磁爐，只能作明火煮食，或以電陶爐烹煮。另外，銅容易腐蝕和氧化成綠褐色，因此應避免接觸酸性食物。為防止腐蝕，最好於鍋上覆蓋一層油脂，防止材質與空氣中的氧氣接觸導致銅氧化。

• 石材

石材（stone）經常用於歐洲現代和傳統廚房，就像鑄鐵一樣持久耐用。石材不含PFOA[22]（換句話說，無 Teflon 塗層），因此不會導致有害化學物質進入食物。由於石材塗層具有天然的不黏表面，烹飪時可以完全不用油，非常適合處理易黏食物，如煎雞蛋和魚。石材和鑄鐵一樣是天然產品，可以均勻分布熱量，從而實現高

---

22 PFOA（全名 perfluorooctanoic acid，中譯全氟辛酸）是一種人造化學物質，旨在抵抗熱、水、油脂和黏性。PFOA 有時用於製造聚四氟乙烯 (PTFE) 不黏產品。

效烹飪。其缺點是沒有鑄鐵或不鏽鋼等物料製造的鍋具那麼堅固，掉落時很有可能會破裂。

• 麥飯石

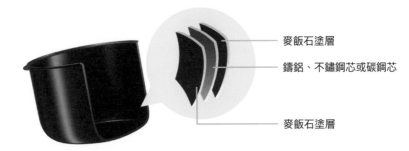

麥飯石塗層

鑄鋁、不鏽鋼芯或碳鋼芯

麥飯石塗層

　　麥飯石（maifanite/maifan stone）屬於火山岩類，其主要礦物質成分為二氧化矽（SiO_2）、氧化鋁（Al_2O_3）、氧化鈣（CaO）和氧化鎂（MgO），是一種可製成不黏鍋具的塗層。鍋子一般由鑄鋁或不鏽鋼芯製成，然後於外部和內部塗上一層光滑的麥飯石。麥飯石是天然的原料，但它有個缺點，就是導熱慢，因此現時表面為麥飯石材質的鍋具，大多具有碳鋼芯，以便烹煮時可持續提供熱量。麥飯石原產於內蒙古、山東等地，是健康加工的理想之選。麥飯石含有多達70種微量元素，其中一些元素會在烹飪過程中釋出，包括對人體血液和體液系統至關重要的鉀、鈣、鈉、錳。

• 輕質鋁

輕質鋁（aluminum）重量輕，導熱快，受熱均勻，非常堅固，因此被人們廣泛使用。市面上所謂的雪平鍋，就是用輕質鋁製造的。相比不鏽鋼，鋁是一種比較柔軟的金屬，沒有不鏽鋼那般耐用。需留意它對醋和柑橘等酸性食物有高度反應，加熱這些食物時會導致鋁滲入食物中，不但影響風味和賣相，亦會使鍋具表面留下凹痕。這種反應會引致食物中毒，還可能導致胃病和噁心，要小心提防。

• 陽極氧化鋁

這種鍋具是鋁材與氧氣的化學結合，使其更硬身、更光滑、更耐熱。事實上，現時已很少「純鋁製」的鍋具，更常見的是這種陽極氧化鋁（anodized aluminum），即在外加電流的作用下，於鋁製品上形成一層氧化膜，這時鋁的表面會因電流而釋放氧氣。陽極氧化這過程使鋁的多孔性大大降低，防止食材滲入鍋內。此外，陽極氧化鋁鍋與普通鋁鍋相比更易於清洗，它對清潔劑不太敏感，氧化膜不容易被侵蝕或損壞，這意味著它不會在烹煮期間洩漏重金屬。陽極氧化鋁無毒、高度耐熱、耐磨，因此十分安全耐用。然而，陽極氧化鋁雖然比純鋁堅硬，但不鏽鋼的堅硬度仍比它強30%，因此不鏽鋼可更有效地抵抗摩擦造成的傷害。

陽極氧化過程形成的那層薄膜，就像以不鏽鋼或不黏塗層包裹的金屬的表面一樣，它不會滲入食物或與酸性發生反應。但在陽極

氧化鋁鍋中烹煮含有醋酸的強酸性食物仍有可能令其加速分解。因此，亦最好避免使用含酸性的清潔產品。

不同的炒鍋如何影響食物烹調的效果？

中國人常追求菜餚要有「鑊氣」，這主要跟炒鍋的材料與烹調的溫度、食用油和加入食材的順序有關。

● 什麼是「鑊氣」？

鑊氣翻譯成英文時可寫成「Wok Hei」，意思就是「鍋的氣息」。炒鍋做出來的小菜富有標誌性的煙燻味不是通過某種秘密成分創造的，它是由「鑊氣」而來，這關係到炒鍋中的油在翻炒攪拌時滴落到明火中，導致配料直接接觸火焰而短暫燃燒起來的情況。它亦來自炒鍋內分解的聚合物和油的組合，以及當你將食物向上和從鍋邊緣拋入，食材的微小脂肪滴下後強烈燃燒產生熱空氣柱並蒸發，繼而導致鍋著火並產生焦糖化和美拉德反應的效果。它的味道被描述為「煙燻」(smoky)、「類似蔥」(allium-like)、「烤」(grilled)和「金屬」(metallic)。食物必須煮得足夠快，才能產生這些風味，同時保持鬆脆度。

● 炒鍋的材料與烹調的溫度

為了產生「鑊氣」，烹調的溫度必須要有高達340℃的高熱能。不僅必須在開始時已將鍋燒得很熱，而且需要在整個過程中保

持以大火和高溫來烹煮。不黏鍋並不是要炒出「鑊氣」菜式的好選擇，即使是最好的不黏塗層也會在240℃左右開始分解，到340℃時，它們會積極分解成有毒蒸氣。大多數的不黏鍋都不應該被加熱到240℃以上，但這個溫度對「鑊氣小菜」來說實在太低了。因此，要炒出「鑊氣」，成功關鍵在於使用重鍋（不鏽鋼或鑄鐵鍋）。但「鑊氣」在不鏽鋼中也不是那麼容易形成的，因為它主要來自於燃燒脂肪和聚合物的銅鏽（patina）[23]，這些脂肪和聚合物嵌入在一個使用良好的碳鋼或鑄鐵鍋中（一些味道也來自當你拋食物時蒸發的油滴），再轉移到食物中。基於這個原因，碳鋼或鑄鐵煎鍋是煮出「鑊氣」的「最佳拍檔」。

● 最適合用於炒鍋的油

在選擇炒鍋食用油時，選擇具有高煙點（smoke point）的油很重要，例如花生油、豆油、葡萄籽油（grapeseed oil），這些油需要高溫（約200℃）才達到煙點。避免使用低煙點油，例如亞麻籽油和椰子油。如果選擇煙點低的油，可能會很快把油燒焦並破壞整道菜的味道，無法炒出「鑊氣」來。

---

23 銅鏽，亦即銅綠，是類似金屬表面的綠色或棕色薄膜，由長時間氧化產生。事實上，銅暴露於空氣中被氧化後，會經歷不同階段的化學反應而產生各種顏色的化合物。首先是呈暗紅色（reddish pink）的氧化亞銅〔Copper(I) oxide，簡稱 Cu_2O〕，進一步氧化後會形成黑色的氧化銅〔Copper(II) oxide，簡稱 CuO〕。經過一段長時間後，則會氧化成綠色，即銅綠〔$CuCO_3 \cdot Cu(OH)_2$〕。

• 在炒鍋中添加配料的次序

一道菜的成功，除了食材、工具和技術之外，同時亦取決於不同食材的炒製順序：

1. 料頭和香料：由於料頭是菜餚風味的基礎，因此需要先添加它們。一旦鍋和油熱了，就可以加入切碎的料頭，如大蒜、生薑、大蔥、香草和食譜要求的其他香料。這將使味道與油相結合，為一道美味菜餚「打好基礎」。

2. 蛋白質：接下來，加入任何富含蛋白質的食材，首先煎煮一側，然後再翻轉到另一側。將蛋白質食材煮至大約 75% 熟度後，將鍋中的所有食材移到單獨的盤子中，稍後再作加工或組合。

3. 蔬菜：最後，按照不同蔬菜的烹調時間順序加入，紅蘿蔔和薯仔等根莖類蔬菜需要烹煮的時間最長，而軟質蔬菜如茄子、冬瓜等需要的時間較少，葉菜類如菠菜、菜心等需要的時間最短。

4. 醬料：大多數醬汁都是小量添加的，並在烹煮後期，甚至最後才加入。

5. 裝飾物：菜式最後的潤色，如添加新鮮香草、蔥粒、烤／炸堅果或種子等。

同樣的食材，為何有人會煮得色香味俱全，有些人卻煮得賣相口感質感均欠佳？當中除了跟烹調經驗有關，亦可以牽涉到一些「科學化」的煮食工具，以及烹調溫度、步驟、配搭、時間等。而除了美味度之外，如何保留最多的膳食營養也是重點之一，處理和烹調不同的蔬菜、肉類、海鮮和家禽時，了解如何減少用油，甚至釋放食材本身之油分，攝入較少脂肪，飲食便可以更加健康。

參考文獻

Asokapandian, S., Swamy, G. J., & Hajjul, H. (2020). Deep Fat Frying of Foods: A critical review on process and product parameters. *Critical Reviews in Food Science and Nutrition*, *60*(20), 3400–3413. https://doi.org/10.1080/10408398.2019.1688761

Chung, S. W. C. (2018). How effective are common household preparations on removing pesticide residues from fruit and vegetables? A Review. *Journal of the Science of Food and Agriculture*, *98*(8), 2857–2870. https://doi.org/10.1002/jsfa.8821

Kilonzo-Nthenge, A., Chen, F., & Godwin, S.L. (2006). Efficacy of home washing methods in controlling surface microbial contamination on fresh produce. *Journal of Food Protection*, *69*(2), 330–334. https://doi.org/10.4315/0362-028x-69.2.330

Sonia, S., Witjaksono, F., & Ridwan, R. (2015). Effect of cooling of cooked white rice on resistant starch content and glycemic response. *Asia Pacific Journal of Clinical Nutrition*, *24*(4), 620–625. https://doi.org/10.6133/apjcn.2015.24.4.13

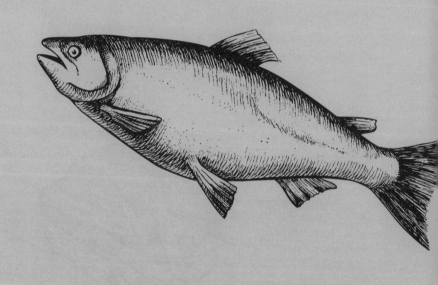

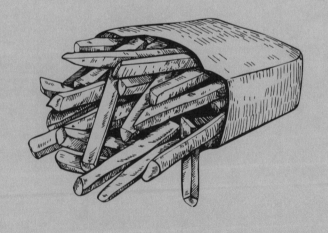

飲食其實好化學

從食品科學解構食品添加成分、加工處理過程和煮食器具

作者　　　　張志強

總編輯　　　葉海旋

編輯　　　　李小媚

助理編輯　　周詠茵

書籍設計　　Tsuiyip@TakeEverythingEasy Design Studio

出版　　　　花千樹出版有限公司

地址　　　　九龍深水埗元州街 290–296 號 1104 室

電郵　　　　info@arcadiapress.com.hk

網址　　　　www.arcadiapress.com.hk

印刷　　　　美雅印刷製本有限公司

初版　　　　2023 年 5 月

ISBN　　　　978-988-8789-13-9